汉竹编著•亲亲乐读系列

定制
怀孕营养餐

周鹏军 主编

汉竹图书微博
http://weibo.com/hanzhutushu

江苏凤凰科学技术出版社
全国百佳图书出版单位

编辑导读

怀孕了，每个月必须吃什么？

哪些食物富含叶酸？

孕吐会影响胎宝宝发育吗？

哪些食物可以预防早产？

孕期水肿，怎么食疗？

……

当得知有一个小生命开始在你的腹中安营扎寨、生根发芽时，你是不是感到很幸福，而且想要给宝宝最好的营养，让他（她）茁壮成长呢？的确，饮食是整个孕期的重中之重，孕妈妈的每一道菜都与胎宝宝有着千丝万缕的关系，很大程度上决定着宝宝的健康与否、聪明与否，所以一起来看看产科医生为孕妈妈定制的怀孕营养餐吧。

本书开篇先介绍了胎宝宝每个月所需要的营养素，然后具体介绍每月的重点食材推荐和饮食宜忌，让孕妈妈对该月的注意事项和营养补充做到心中有数，接下来产科医生根据孕期不同阶段的营养需求推荐食谱，早餐、午饭、晚餐和加餐，丰富的食谱搭配让孕妈妈的孕期餐美味不重样，而且每餐都有热量标识，有助于孕妈妈进行体重管理，实现长胎不长肉。另外，书中还针对大龄孕妈妈、二胎孕妈妈以及孕期有妊娠综合征和不适的孕妈妈给出了特别的建议和指导。

孕妈妈吃得安全又营养，将为宝宝打下一生的健康基础。下面孕妈妈就在美食的相伴下，去享受孕期之旅，孕育一个健康、聪明、活力满满的宝宝吧！

目录

孕1月（1~4周）

胎宝宝发育所需营养

本月必吃助孕食材

孕1月饮食宜忌

本月营养餐推荐

早餐

午餐

晚餐

加餐

孕2月（5~8周）

胎宝宝发育所需营养

本月必吃安胎食材

孕2月饮食宜忌

本月营养餐推荐

早餐

午餐

晚餐

加餐

孕3月（9~12周）

胎宝宝发育所需营养

本月必吃开胃食材

孕3月饮食宜忌

本月营养餐推荐

早餐

午餐

晚餐

加餐

孕4月（13~16周）

胎宝宝发育所需营养

本月必吃补钙食材

孕4月饮食宜忌

本月营养餐推荐

早餐

孕8月（29~32周）

胎宝宝发育所需营养

本月必吃防早产食材

孕8月饮食宜忌

本月营养餐推荐

早餐

午餐

晚餐

加餐

孕9月（33~36周）

胎宝宝发育所需营养

本月必吃补锌食材

孕9月饮食宜忌

本月营养餐推荐

早餐

午餐

晚餐

加餐

孕10月（37~40周）

胎宝宝发育所需营养

本月必吃缓解焦虑食材

孕1月（1~4周）

一个小生命即将在你的腹内生根发芽，高兴激动之余，你是不是想要倾注全部的爱来滋养和呵护他（她）？那么从现在开始，你就要重视科学饮食了，因为此时你所吃的东西都会与胎宝宝分享。下面跟着产科医生，一起进入怀孕的营养之旅吧。

偏胖的孕妈妈：偏胖的孕妈妈要在平衡饮食基础上控制热量的摄入，主要是少吃糖和脂肪含量高的食物，可适当增加一些豆类，这样既可以保证蛋白质的供给，又能控制脂肪量。

偏瘦的孕妈妈：偏瘦的孕妈妈要合理增加体重，在每天三餐之间多吃两次加餐，吃一些高蛋白、高营养的食物，比如牛肉饼、奶酪蛋汤等。

大龄孕妈妈：大龄孕妈妈要以普通孕妈妈的孕早期营养原则为基础，适当增加一些钙质的补充，如牛奶、豆制品等，但不能过多补充营养，否则容易造成体重过度增加，影响胎宝宝健康。

二胎孕妈妈：二胎孕妈妈的胃口通常会比怀第一胎时变大很多，而孕早期胎宝宝还小，不要过多摄入营养，以免造成脂肪累积。

胎宝宝发育所需营养

孕1月时，很少有人会知道自己已经怀孕，但是胎宝宝却已经在孕妈妈的子宫内安营扎寨、悄悄发育了。在本月末，受精卵会完成“着床”，未来的几周内，胚胎细胞将以惊人的速度分裂，细胞数量急剧增长，并逐步分化成不同的组织和器官。

叶酸

叶酸是一种广泛存在于绿色蔬菜中的水溶性B族维生素。若怀孕时缺乏叶酸，容易造成胎宝宝神经管的缺陷，增加唇裂（兔唇）发生的概率。所以，在孕前和孕早期，孕妈妈要注意摄入足量的叶酸。叶酸药剂补充一般要吃到怀孕后3个月，但是孕妈妈也要注意日常饮食中叶酸的摄入，多吃绿叶蔬菜、动物肝肾、豆类、水果、奶制品等。

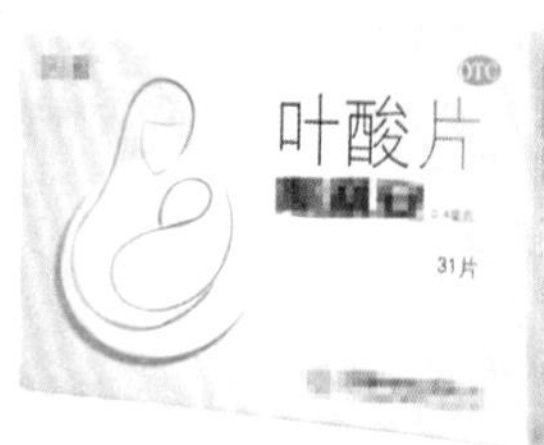

维生素 B_6

孕吐会影响食欲，对胎宝宝不利，而维生素 B_6 便是孕吐的克星。维生素 B_6 在麦芽糖中含量最高，适当食用麦芽糖不仅可以抑制孕吐，还能使孕妈妈精力充沛。

香蕉、土豆、大豆、胡萝卜、核桃、花生、菠菜等植物性食品富含维生素 B_6，动物性食品中以猪瘦肉、鸡肉、鸡蛋、鱼等的维生素 B_6 含量较多。

维生素 E

维生素E有抗氧化作用，保证各组织器官的供氧。如果孕妈妈缺乏维生素E，则容易引起胎动不安或流产后不易再怀孕，还可致毛发脱落、皮肤早衰多皱等。小麦胚芽油、棉子油、玉米油、葵花子油、花生油及芝麻油等植物油富含维生素E，孕妈妈要适量吃些。

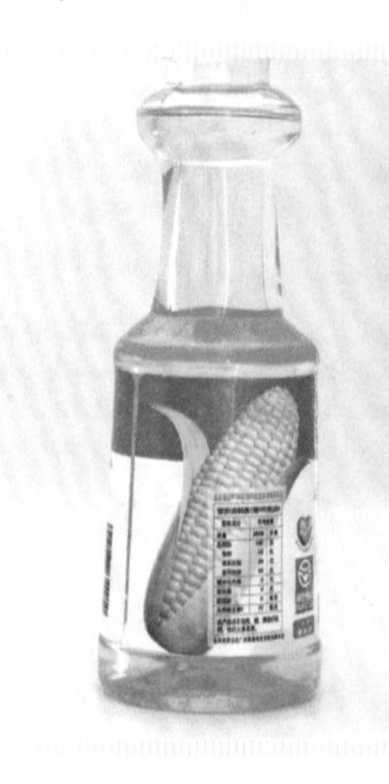

卵磷脂

卵磷脂包括磷酸、胆碱、脂肪酸、甘油、糖脂、甘油三酸酯等营养成分，能促进胎宝宝大脑记忆区神经细胞的形成及神经细胞间的联系，同时对空间记忆力产生持久的促进作用，有利于宝宝以后的记忆。蛋黄、黄豆、芝麻、蘑菇、山药、木耳、动物肝脏、玉米油等食物中都有一定的含量，孕妈妈可常吃。

本月必吃助孕食材

一粒种子的生根、发芽和成长，需要肥沃的土地和充足的养料。胎宝宝也一样，从精子、卵子开始，就需要“精肥卵壮”的体格。本月前2周补充的营养实际上是为卵子受精准备的，因此备孕夫妻都应调整状态，均衡饮食，利于受孕。

虾

虾口味鲜美，有极高的营养价值，可制作多种佳肴，有菜中“甘草”的美称。虾的种类繁多，但不管河虾还是海虾，都含有丰富的蛋白质，同时虾能温补肾元，增强人体的免疫力和性功能，补肾壮阳，抗早衰，有助于受孕。但是海虾的胆固醇含量比较高，胆固醇高的备孕夫妻不要过量食用。

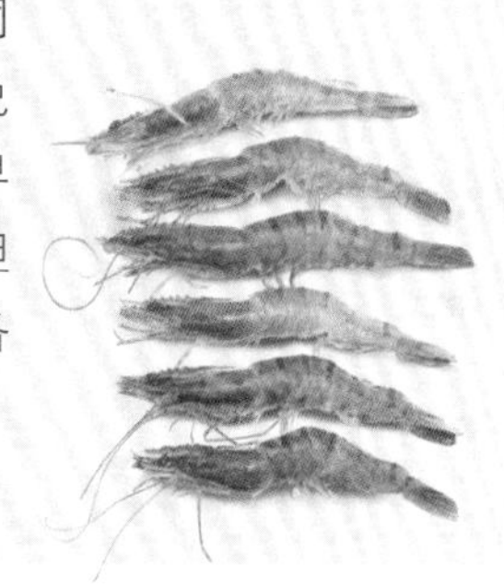

西蓝花

西蓝花质地细嫩、味甘鲜美，食用后极易消化吸收，其嫩茎中的膳食纤维烹炒后柔嫩可口，还可增加肠蠕动。西蓝花还含有丰富的维生素C和叶酸，可以提高卵子质量，降低胚胎畸形的发生概率。

花生

人们常把花生称为“长生果”，它富含的蛋白质可与鸡蛋、牛奶等动物性食物媲美，因此享有“植物肉”和“素中荤”的美誉。花生富含维生素E，维生素E又名“生育酚”，常吃花生有助于提高受孕率。花生的最佳食用方法是煮食、炒食，油炸会使花生中维生素E活性明显降低。

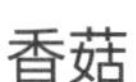

香菇

香菇是高蛋白、低脂肪、低碳水化合物、富含维生素和矿物质的保健食物，具有抗病毒、调节免疫功能等功效，这对于帮助顺利怀孕很有帮助。经常食用香菇有助于保证胚胎健康，预防染色体异变。

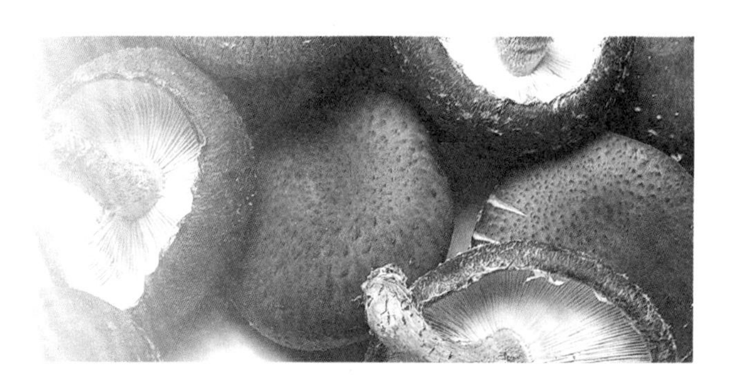

孕 1 月饮食宜忌

怀孕第 1 个月的营养素需求与孕前没有太大变化，如果孕前的饮食很规律，现在只要继续保持就可以了。但是毕竟已经开始孕育小宝宝了，孕妈妈可适当增加叶酸、卵磷脂和维生素 B_6 的摄取，以满足自身和胎宝宝的营养需求。

宜每天 1 杯牛奶

孕妈妈孕期要补钙，一方面是满足自身需要，一方面是源源不断地为胎宝宝的生长发育输入营养。孕妈妈补钙的最好方法是喝牛奶。每 100 毫升牛奶中约含有 100 毫克钙，不但其中的钙最容易被吸收，而且磷、钾、镁等多种矿物质和氨基酸的比例也十分合理。每天喝 1 杯牛奶，就能保证钙等矿物质的摄入，喝太多反而身体不容易吸收，会造成浪费。

宜适量补充水分

怀孕后，孕妈妈的阴道分泌物增多，给细菌繁殖创造了有利的环境。女性尿道口距阴道口很近，容易被细菌感染，如果饮水量不足会使尿量减少，不能及时冲洗尿道，容易导致泌尿系统感染。多喝水、多排尿，有助于保持泌尿系统健康。

宜适量补充叶酸

孕早期是胎宝宝中枢神经系统生长发育的关键期，最易受到致畸因素的影响，此时适量补充叶酸可使胎宝宝患神经管畸形的危险性减少。孕妈妈可在医生的指导下服用叶酸片，每天0.4毫克。

玉米不容易消化，胃肠功能弱的孕妈妈要少吃。

宜多吃嫩玉米

对孕妈妈来说，多吃嫩玉米好处很多，因为嫩玉米中丰富的维生素 E 有助于安胎，可用来防止习惯性流产、胎宝宝发育不良等。另外，嫩玉米中所含的维生素 B_1 能增进孕妈妈食欲，促进胎宝宝发育，提高神经系统的功能。

不宜过多补充叶酸

叶酸并非补得越多越好。过量摄入叶酸会增加损害胎宝宝神经发育的危险，也会影响其他维生素和矿物质的吸收。临床显示，孕妈妈对叶酸的日摄入量可耐受上限为1毫克，每天摄入0.4毫克的叶酸对预防神经管畸形和其他出生缺陷就非常有效了。

酒精对胎宝宝伤害大，整个孕期都不宜饮酒

有活血祛瘀的作用，尤其是蟹爪，可能会引起流产

中医认为其质滑利，可以促使子宫收缩，有诱发流产的可能

薏米

含有的咖啡因会通过胎盘屏障，影响胎宝宝的脑大发育

不宜长期喝纯净水

纯净水的pH大多数在7以下，偏酸，而人体血液的pH在7.35~7.45之间，呈弱碱性。长期喝纯净水会影响人体的酸碱平衡，机体在调节时就会动用人体储存的矿物质，使需要充足矿物质的身体呈缺乏状态，不利于孕妈妈和胎宝宝的健康。

不宜吃路边摊

街边的小吃种类繁多，下班后许多年轻夫妻不愿意做饭，往往吃点街边的麻辣烫、铁板烧、烤串就解决了晚餐问题。街边小吃卫生条件差，口味重，往往加有大量的味精、盐和辛辣调料，而且商贩在制作时，为了更方便、快速，往往不会把食物烹制得太熟，如果吃了夹生的肉类，容易感染弓形虫病，而且变质的肉类会引起腹痛、腹泻，这些都不利于孕妈妈的健康。再者，坐在街边吃东西，灰尘、尾气比较多，也对健康不益。

不宜吃太多保健品

从备孕开始，有些社区就会免费发放叶酸片，怀孕后可继续服用。但有些孕妈妈还是忧心忡忡，害怕自己缺乏某种营养素，因而买一些维生素片或保健品来吃，这是不可取的，也是完全没有必要的。如蛋白质可以促进胎宝宝大脑的发育，有些孕妈妈一怀孕就服用蛋白质粉，这样会增加肾脏代谢负担，对胎宝宝并无益处。

不宜过量吃巧克力

巧克力含有咖啡因，如果孕妈妈每天吃太多巧克力，可能会导致胎宝宝体重下降，甚至可能导致流产或早产。另外，有些巧克力含糖量很高，吃得过多还会影响人体对其他营养素的吸收。

本月营养餐推荐

爱的叮咛：早餐很重要

早餐对每个人都很重要，对孕妈妈来说就更为重要了，因为现在是一个人不吃早餐，就有两个人挨饿了，这对胎宝宝的发育极为不利，所以孕妈妈一定要吃早餐，而且还要吃好。

牛奶粥

热量：中

原料：大米 50 克，牛奶 250 毫升。

做法：❶ 将大米淘洗干净，放入锅中，加入适量清水，大火煮沸，转小火煮 30 分钟。❷ 加入牛奶，稍煮即可。

营养：此粥味道香甜可口，有补虚损、益肺胃、生津润肠的功效。

花生红枣紫米粥

热量：中

原料：紫米 30 克，糯米 50 克，红枣 2 颗，花生 30 克，白糖适量。

做法：❶ 紫米、糯米分别淘洗干净；红枣去核洗净，切碎。❷ 在锅内放入清水、紫米和糯米，置于火上，先用大火煮开后，再改用小火煮到粥将成时，加入红枣碎、花生煮 10 分钟，最后以白糖调味即可。

营养：花生中含有丰富的蛋白质、脂肪、赖氨酸、B 族维生素和铁、钙等矿物质，能帮助受精卵着床。

苹果蜜柚橘子汁

热量：低

原料：柚子、苹果各半个，橘子 1 个，柠檬 1 片，蜂蜜适量。

做法：❶ 柚子去皮去子，撕去白膜，取果肉；苹果洗净去皮及核，切块；橘子去皮去子取果肉；柠檬挤汁备用。❷ 将上述材料全部放入榨汁机中，加入蜂蜜、温开水，搅打均匀，调入柠檬汁即可。

营养：多种水果搭配，能生津开胃，而且丰富的维生素 C 能提高身体的免疫力。

早餐搭配推荐

花生红枣紫米粥（中）+ 水煮蛋（低）

红薯饼（高）+ 紫菜鸡蛋汤（低）

红薯饼

原料：红薯1个，糯米粉50克，豆沙馅、蜜枣、葡萄干各适量。

做法：❶ 红薯洗净、煮熟，去皮捣碎后加入糯米粉，加水和匀成红薯面团。❷ 葡萄干用温水泡后沥干水，加入蜜枣、豆沙馅拌匀。❸ 将红薯面团揉成丸子状，包馅，用小碗压成圆形，压平。❹油锅烧热放入红薯饼煎至两面金黄熟透即可。

营养：红薯饼中含有丰富的膳食纤维，可预防便秘。

西红柿面疙瘩

原料：西红柿100克，鸡蛋1个，面粉50克，盐各适量。

做法：❶ 一边往面粉中加水，一边用筷子搅拌成絮状，静置10分钟；鸡蛋打入碗中，搅匀；西红柿洗净，切小块。❷ 油锅烧热，将西红柿块倒入，炒出汤汁，加2碗水煮开。❸ 再将面疙瘩倒入西红柿汤中煮3分钟后，淋入蛋液，最后用盐调味。

营养：西红柿含有丰富的维生素和叶酸，鸡蛋中蛋白质、钙的含量十分丰富，能为胎宝宝的生长提供动力。

爱的叮咛：远离油饼、油条

孕妈妈要远离高热量的油条、油饼等油炸食物。这些食物香气诱人，孕妈妈要控制自己，少吃或不吃这些食物。因为油条、油饼中添加的明矾会导致铝摄入量超标，而且经过炸制的食物难消化、营养价值低。经常吃油条、油饼还会增加热量的摄入。如果不通过增加运动来消耗过剩的热量，日积月累，就会造成体重增加过度。

黑豆饭

热量：中

原料：黑豆 40 克，糙米 100 克。

做法：❶ 黑豆、糙米分别洗净，放在大碗里泡 4 小时。❷ 将黑豆、糙米、泡米水一起倒入电饭煲焖熟即可。

营养：糙米含大量的 B 族维生素，与其他主食交替食用，可保证营养均衡。

琥珀核桃

热量：高

原料：核桃仁 4 颗，冰糖、蜂蜜各适量。

做法：❶ 冰糖放入水中煮溶，糖水有点黏稠的时候把蜂蜜放入糖水中，搅拌均匀。❷ 核桃仁放入糖水中。❸ 将糖水核桃仁放入烤箱，温度调到 160~170℃，烘烤 10 分钟左右。

营养：核桃仁中的不饱和脂肪酸和多种矿物质能帮助胎宝宝脑细胞增殖。

什锦沙拉

热量：低

原料：黄瓜 80 克，西红柿 100 克，芦笋、紫甘蓝各 30 克，沙拉酱、盐各适量。

做法：❶ 将黄瓜、西红柿、芦笋、紫甘蓝分别洗净，切块或段，并用冷水加盐浸泡 15 分钟。❷ 芦笋在开水中略微焯烫，捞出后浸入冷水中。❸ 将黄瓜、西红柿、芦笋、紫甘蓝码盘，加沙拉酱拌匀即可。

营养：什锦沙拉含丰富的叶酸和维生素，可提高卵子质量，降低胚胎畸形率。

午餐搭配推荐

黑豆饭（中）+ 鲍汁西蓝花（中）+ 什锦沙拉（低）

芦笋蛤蜊饭（中）+ 琥珀核桃（高）+ 凉拌三丝（低）

椒盐玉米

热量：中

原料：玉米粒 100 克，鸡蛋清、椒盐、淀粉、葱末各适量。

做法：❶ 玉米粒中加鸡蛋清搅匀，再加淀粉搅拌。❷ 油锅烧至七八成热，把玉米粒倒进去，过半分钟之后再搅拌，炒至玉米粒呈金黄色。❸ 盛出玉米粒，把椒盐撒在玉米粒上，搅拌均匀，再撒入葱末即可。

营养：玉米中的维生素 B_1 可促进胎宝宝大脑发育，其中的维生素 E 有安胎作用。

鲍汁西蓝花

热量：中

原料：西蓝花 150 克，鲜百合 20 克，虾仁 50 克，鲍鱼汁适量。

做法：❶ 西蓝花洗净，掰小朵，用沸水烫过；百合洗净，掰成小瓣。❷ 锅里放油，倒入西蓝花、虾仁和百合翻炒，再加入适量水，炒 2 分钟后起锅，浇适量鲍鱼汁即可食用。

营养：西蓝花吸入鲍鱼汁的鲜美，口感极佳。西蓝花中的维生素 E 可帮助孕妈妈安胎保胎。

爱的叮咛：晚餐吃多有害无益

孕妈妈晚饭吃得过于丰盛或过饱，不仅会造成营养摄取过多，还会增加肠胃负担，特别是晚饭后不久就睡觉，更不利于食物的消化。所以，晚上孕妈妈不要吃得太饱，这样才有利于消化和提高睡眠质量，为胎宝宝的正常发育提供条件。

红枣鸡丝糯米饭

原料：红枣6颗，鸡肉100克，糯米50克。

做法：❶ 将鸡肉切丝，汆烫；糯米浸泡2小时；红枣洗净去核。❷ 将糯米、鸡丝、红枣放入锅中，加适量清水，隔水蒸熟。

营养：红枣能补气血，增进食欲；鸡肉易消化，可增强体力、强壮身体，此饭是体质虚弱的孕妈妈补充营养的好选择。

甜椒炒牛肉

原料：牛里脊100克，红、黄甜椒各100克，料酒、淀粉、盐、蛋清、姜丝、酱油、高汤、甜面酱各适量。

做法：❶ 牛里脊洗净、切丝，加盐、蛋清、料酒、淀粉拌匀；甜椒切丝；将酱油、高汤、淀粉调成芡汁。❷ 甜椒丝炒至断生，备用。❸ 牛里脊丝炒散，放入甜面酱，加甜椒丝、姜丝炒香，勾芡，翻炒均匀即可。

营养：牛肉具有补脾和胃、益气补血的功效，对强健孕妈妈和胎宝宝的身体十分有益。

海米白菜

原料：白菜200克，胡萝卜半根，海米10克，盐、水淀粉各适量。

做法：❶ 白菜洗净，切成长条，下入开水锅中烫一下，捞出控水；胡萝卜洗净，切片；海米泡开，洗净控干。❷ 油锅烧热，放海米炒香，再放白菜条、胡萝卜片快速翻炒至熟，加盐调味，用水淀粉勾芡即可。

营养：海米白菜具有补肾、利肠胃等功效，还能有效控制体重。

爱的叮咛：加餐根据孕妈妈情况而定

加餐是在一日三餐之外，如上午10点左右或下午3点左右的额外进餐，以补充营养，是否加餐要根据孕妈妈的个人情况而定，因为孕早期胎宝宝尚小，不需要太多营养，正式的加餐基本上是孕中后期了，孕早期加餐主要是在孕吐严重的时候及时补充流失的水分。

猕猴桃柑橘汁

原料：猕猴桃1个，柑橘1个。

做法：❶ 猕猴桃去皮；柑橘去皮，去子。❷ 将猕猴桃、柑橘一起放入榨汁机中，加半杯纯净水榨成汁即可。

营养：猕猴桃和柑橘中丰富的维生素C能促进铁的吸收，有利于孕妈妈预防缺铁性贫血。

酸奶草莓露

原料：草莓4个，酸奶250毫升，白糖适量。

做法：❶ 草莓洗净、去蒂，放入榨汁机中，加入酸奶，一起搅打成糊状。❷ 放入适量白糖即可。

营养：草莓含有丰富的维生素C、胡萝卜素、镁，搭配酸奶，对孕妈妈和胎宝宝的皮肤有很好的润泽作用。

奶酪蛋汤

原料：奶酪20克，鸡蛋1个，西芹100克，胡萝卜1/4根，高汤、面粉、盐各适量。

做法：❶ 将西芹和胡萝卜洗净切成末，备用；奶酪与鸡蛋一道打散，加适量面粉。❷ 锅内放适量高汤烧开，加盐调味，然后淋入调好的蛋液。❸ 锅烧开后，撒上西芹末、胡萝卜末作点缀；稍煮片刻即可。

营养：奶酪的营养非常丰富，口味和酸奶类似，食用奶酪蛋汤可以为孕妈妈补充钙质和多种维生素。

孕 2 月（5~8 周）

进入孕 2 月，大部分孕妈妈都知道自己怀孕了。相伴而来的头晕、乏力、嗜睡、恶心、呕吐、喜食酸性食物、厌油腻等早孕反应表现明显。越是这个时候，孕妈妈越要注意饮食健康，尽量不要挑食，保持营养的全面和均衡。

偏胖的孕妈妈：偏胖的孕妈妈一定要控制好体重增长，本月体重增长不宜超过 1 千克。

偏瘦的孕妈妈：孕吐反应可能让偏瘦的孕妈妈体重又下降了，孕妈妈应注意饮食清淡，少食多餐，克服早孕反应，能吃的时候尽量多吃些，同时吃些玉米、南瓜、葵花子等安胎的食物。

贫血的孕妈妈：有贫血症状的孕妈妈多吃含铁丰富的食物，鸭血、蛋黄、瘦肉、豆类、菠菜、苋菜、西红柿、红枣等食物含铁量都较高，可经常吃。

易感冒的孕妈妈：孕期感冒不要盲目吃药，孕妈妈应在平时加强饮食营养，多吃些燕麦、坚果、糙米、西红柿等能增强身体抵抗力的食物，以降低患感冒的概率。

胎宝宝发育所需营养

在孕妈妈肚子中的胎宝宝，现在还只是一个小胚胎，大约长4毫米，重量不到1克，就像苹果子那么大，小小的模样看起来和小海马一样。孕妈妈注意补充锌、碘、蛋白质、碳水化合物等胎宝宝所需营养。

锌

锌缺乏，会对胎宝宝神经系统发育造成障碍。尤其是本月，胎宝宝神经系统和大脑飞速发育，补锌就显得尤为重要，每天宜摄入锌11.5~16.5毫克。

各种豆类、坚果类、海产品含锌较多；蔬菜类中以白菜、白萝卜、茄子中含量较高。

碳水化合物

碳水化合物是为人体提供能量的重要物质，可以防止孕妈妈因低血糖而晕倒。如果早孕反应比较严重，孕妈妈可以抓住任何可进食的机会，适量吃一些饼干、糖果。平时不常吃的巧克力、蛋糕，现在都可以适当吃一些。

碘

碘是甲状腺素组成成分。甲状腺素能促进蛋白质的生物合成，促进胎宝宝生长发育。孕期甲状腺功能活跃，碘的需要量增加，易造成孕期碘摄入量不足或缺乏，并影响胎宝宝的发育。如果不是缺碘，孕妈妈就不用额外服用碘补充剂，食补就可以。孕妈妈应适当吃些海鱼、海带、紫菜等含碘食物。

蛋白质

优质、足量的蛋白质可保证胎宝宝的大脑发育，考虑到孕妈妈本月的饮食要以清淡为主，所以应选用容易消化、吸收、利用的蛋白质。不必刻意追求一定的数量，但要注意保证质量。

可以考虑以植物蛋白代替一部分动物蛋白，豆制品和蘑菇等食物可以多吃一些。

本月必吃安胎食材

孕2月往往是早孕反应最强烈的阶段，要用积极的心态去面对，多吃些安胎食物，克服早孕反应，尽可能地多补充营养。

鲈鱼

鲈鱼能够益肾补中、健脾补气，为孕妈妈补充充足的营养，提高身体抵抗力，有很好的安胎作用，可以预防流产，适宜胎动不安者食用。保留营养最佳的方式就是清蒸，用新鲜的鱼炖汤也是保留营养的好方法，并且特别易于消化。尤其是秋末冬初，成熟的鲈鱼特别肥美，鱼体内积累的营养物质也最丰富，是吃鲈鱼的最好时令。

玉米

玉米含有丰富的维生素E，有助于安胎，可用来防治习惯性流产，胎宝宝发育不全。烹调使玉米获得了营养价值很高的活性抗氧化剂，所以玉米熟吃更佳。可以用玉米与肉类煲汤，也可以拿玉米熬粥，或吃煮熟的嫩玉米。

南瓜

南瓜含有的多糖是一种非特异性免疫增强剂，能提高机体免疫功能，对安胎养胎很有好处。而且南瓜中含有丰富的锌，参与人体内核酸蛋白质的合成，是胎宝宝生长发育的重要物质。

葵花子

葵花子中含有丰富的维生素E，适当吃些葵花子有增强黄体酮的作用，可以起到安胎、保胎的效果，降低流产的概率。葵花子生吃营养高，炒熟吃口感好。还可以将葵花子磨烂，与大米或小米一起熬粥喝，利于营养的吸收。

孕2月饮食宜忌

这个月大部分孕妈妈的早孕反应比较严重，胃口不佳，甚至吃了就吐，孕妈妈不要过分注意规律饮食，可在有胃口的时候尽量多吃些。孕妈妈也不要过于担心宝宝缺乏营养而强迫自己进食，孕早期胎宝宝还很小，需要的营养还不多，一般孕吐不会影响胎宝宝发育。

宜吃营养早餐

早晨身体对热量的需求是有限的，不必摄入过高的热量，最好喝一杯牛奶，吃一点清淡的粥、面等主食，一个鸡蛋、几片面包、适量的蔬菜水果就可以，简单又营养。

宜随时补充水分

早孕反应严重的孕妈妈，容易引起体内的水电解质代谢失衡，所以要注意补充水分，多吃新鲜水果和蔬菜。饮食不可过咸，应多食用清淡可口、易消化的米粥、汤类。

宜多吃天然食物

吃新鲜的蔬菜和水果、天然的五谷杂粮，既美味健康又能让孕妈妈获得充足的营养，而垃圾食品除了填饱肚子之外，只会给肠胃增加更多的负担。所以，孕妈妈最好管住自己的嘴，告别垃圾食品。

宜吃新鲜天然的酸味食物

不少孕妈妈在孕早期嗜好酸味食物，这是正常现象。酸味食物大约分为三类，第一类：如酸菜、泡菜等；第二类：人工酸味剂制作的糖果和饮料；第三类：天然水果如西红柿、柠檬、橘子、石榴等。在这三类食物中，应该选用天然酸味的水果蔬菜，营养丰富，尽量不食用前两类。

不宜强迫自己进食

孕妈妈尽量避免可能觉得恶心的食物或气味。如果觉得好像吃什么都会恶心，那就吃些能提起胃口的东西，哪怕这些食物不能达到营养均衡也不要紧。不管什么东西，多少吃进去一点，但是不要想着为胎宝宝补充营养而强迫自己进食，这样只会适得其反。

不宜全吃素食

孕妈妈这个月的早孕反应比较大，会出现厌食的情况，不喜欢荤腥油腻，只能全吃素食，这种做法可以理解，但是孕期长期吃素会对胎宝宝形成不利影响。母体摄入营养不足，势必造成胎宝宝的营养不良，胎宝宝如果缺乏营养，如蛋白质、不饱和脂肪酸等，会造成脑组织发育不良，出生后智力低下。素食一般含维生素较多，但是普遍缺乏一种叫牛磺酸的营养成分。人类需要从外界摄取一定量的牛磺酸，以维持正常的生理功能。牛磺酸对胎宝宝的视力有重要作用。如果缺乏牛磺酸，会对胎宝宝的视网膜造成影响。肉类、鱼类、贝类都是含牛磺酸丰富的食物。

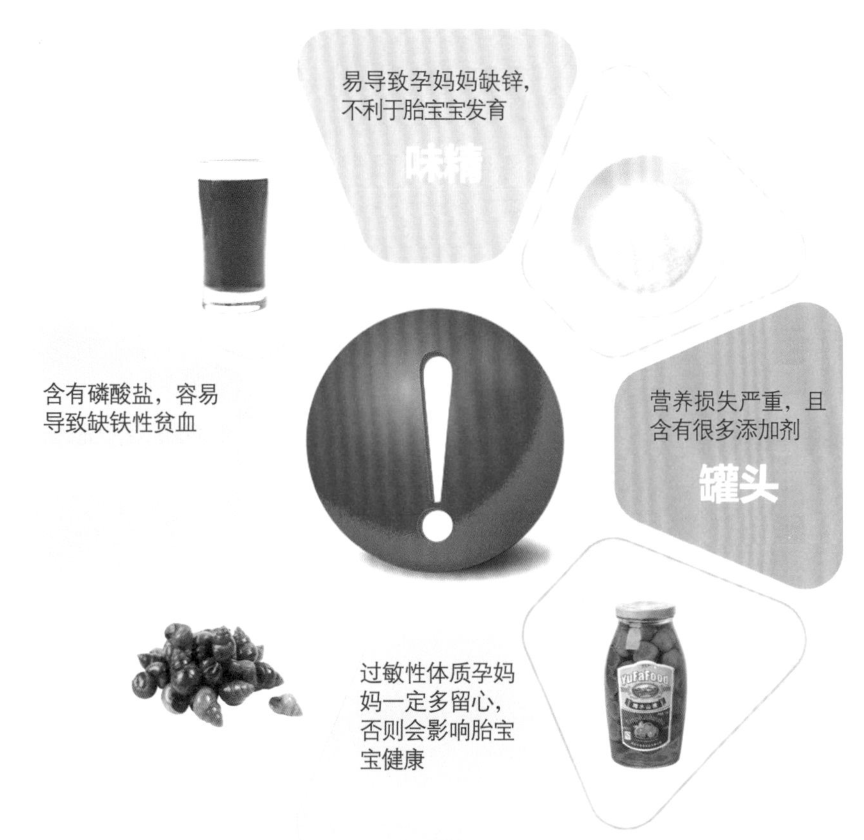

不宜马上进补

有的孕妈妈知道自己怀孕之后，马上就开始进补。其实现在胎宝宝还很小，对营养需求也不大，孕妈妈只要维持正常饮食，保证质量就可以了。如果孕妈妈经常服用温热性的补药、补品，如人参、鹿茸、桂圆、鹿胎胶、鹿角胶、阿胶等，会加剧孕吐、水肿、高血压、便秘等症状。

不宜过量吃菠菜

菠菜含有丰富的叶酸，名列蔬菜之榜首，而叶酸的最大功能是保护胎宝宝免受脊柱裂、脑积水、无脑等神经系统畸形之害。菠菜富含的B族维生素，还可防止孕妈妈罹患盆腔感染、精神抑郁、失眠等常见的孕期并发症。但菠菜含草酸也多，草酸可干扰人体对钙、锌等矿物质的吸收，会对孕妈妈和胎宝宝的健康带来损害。所以孕妈妈不宜过量吃菠菜。在食用菠菜前可先放入开水中焯一下，使大部分草酸溶入水中之后再食用。

本月营养餐推荐

爱的叮咛：宜清淡饮食

孕早期是早孕反应较严重的时期，孕妈妈可以多吃些开胃的清淡食物，有助于减轻孕吐反应。为了减轻早孕反应带来的恶心、厌食等不适，进而影响孕妈妈的正常饮食，可以通过变化烹饪方法和食物种类，采取少食多餐的形式，来保证自己的营养需求。

燕麦南瓜粥

原料：燕麦 30 克，大米 50 克，南瓜 200 克，盐适量。

做法：❶ 南瓜洗净削皮，切成小块；燕麦洗净，提前泡 2 小时；大米洗净，用清水浸泡半小时。❷ 将燕麦、大米放入锅中，加水适量，大火煮沸后换小火煮 20 分钟；然后放入南瓜块，小火煮 20 分钟。熄火后，加入盐调味即可。

营养：燕麦能刺激食欲，特别适合孕吐时期食用。

米饭蛋饼

原料：鸡蛋 2 个，米饭 150 克，白糖适量。

做法：❶ 将鸡蛋磕入碗中，加入少许白糖打散。❷ 把米饭倒入蛋液里，搅拌。❸ 平底锅刷油烧热，煎熟即可。

营养：米饭独特的制作方法会让孕妈妈大快朵颐。

柠檬姜汁

原料：姜 1 片，柠檬半个，蜂蜜 1 勺。

做法：❶ 柠檬榨汁备用。❷ 把姜、柠檬汁和 1 勺蜂蜜混合在一起，然后倒入温水冲调后饮用。

营养：孕妈妈每天早晨空腹喝 1 杯柠檬姜汁，可以预防晨吐。

奶香麦片粥

原料：麦片50克，牛奶250毫升。

做法：❶ 麦片放入碗中，加入开水冲泡5分钟。❷ 加入适量牛奶，稍加搅拌即可食用。

营养：牛奶和麦片富含蛋白质、钙、铁、碳水化合物等多种营养素，不仅有助于孕妈妈补钙，还能促进胎宝宝中枢神经系统的发育。

奶酪手卷

原料：紫菜和奶酪各1片，米饭100克，生菜、西红柿各50克，沙拉酱适量。

做法：❶ 生菜洗净撕小片，西红柿洗净切片。❷ 紫菜剪成较宽的长条，铺平后将米饭、奶酪、生菜、西红柿片铺上，最后淋上沙拉酱并卷起，依此法做好其他的即可。

营养：奶酪手卷既能补钙，还能缓解孕早期的呕吐症状。

爱的叮咛：浓汤不要喝太多

浓汤喝太多，其中的营养物质不见得被充分吸收，反而使体重增长过快，增加罹患妊娠高血压、妊娠糖尿病等疾病的风险。孕妈妈煲汤时可选用鸭、鱼、牛肉等脂肪含量低的肉类，同时加入一些蔬菜也可有效减少油腻，利于营养物质的吸收。

口蘑炒豌豆

原料： 口蘑15朵，豌豆100克，高汤、盐、水淀粉各适量。

做法： ❶ 口蘑洗净，切成小丁；豌豆洗净。❷ 油锅烧热，放入口蘑丁和豌豆翻炒，加适量高汤煮熟，用水淀粉勾薄芡，加盐调味即可。

营养： 口蘑和豌豆富含蛋白质、脂肪、碳水化合物、多种氨基酸和多种微量元素及维生素，适合胎宝宝此阶段大脑的发育。

双色豆腐丸

原料： 豆腐150克，胡萝卜1/4根，菠菜30克，面粉、淀粉、青椒丝、红椒丝、盐各适量。

做法： ❶ 将胡萝卜洗净擦丝，菠菜洗净剁碎；准备两个碗，豆腐用手抓碎分两份放碗里，加入适量面粉和淀粉。❷ 一个碗里拌入胡萝卜丝，一个碗内拌入菠菜碎，加水、盐拌匀。❸ 两种糊分别团成小丸子。❹丸子下锅焯熟盛出，摆上青椒丝、红椒丝即可。

营养： 此菜有利于胎宝宝器官的发育。

木耳红枣汤

原料： 木耳10克，红枣8颗，红糖适量。

做法： ❶ 将木耳泡发后去掉根部，洗净，切成块；红枣洗净，去掉枣核。❷ 锅中放水，把木耳、红枣一起放入锅中。❸ 用大火烧开，再转小火煮20分钟，最后加红糖调味即可。

营养： 木耳中含有锰，可以强健孕妈妈的骨骼，还具有抗疲劳的作用。

午餐搭配推荐

奶香菜花（底）+ 双色豆腐丸（高）

花卷（中）+ 山药羊肉汤（中）+ 松仁玉米（低）

山药羊肉汤

热量：中

原料：羊肉250克，山药50克，姜片、枸杞子、料酒、盐各适量。

做法：❶ 将羊肉去尽筋膜，汆去血水；山药去皮，洗净，切成薄片。❷ 将羊肉、山药片、姜片放入锅中，加适量水，倒入料酒，撒上枸杞子，大火煮开，然后用小火将羊肉炖烂，加适量盐调味即可。

营养：此汤适合孕妈妈冬天食用，补益脾胃的效果非常好，可增强体质。

红烧鲤鱼

热量：高

原料：鲤鱼1条，盐、料酒、酱油、葱段、姜片、白糖、葱花各适量。

做法：❶ 鲤鱼处理干净，切块，放盐、料酒、酱油腌制。❷ 油锅烧热，将鲤鱼块逐个放入油锅，炸至棕黄色起壳时捞出。❸ 另起油锅，爆香葱段、姜片，倒入炸好的鲤鱼块，加水漫过鱼面，再加酱油、白糖、料酒，大火煮沸后改小火煮至鱼入味，撒上葱花即可。

营养：鲤鱼中的蛋白质含量高，且易被机体消化吸收，适合孕妈妈食用。

松仁玉米

热量：低

原料：玉米粒150克，胡萝卜半根，豌豆、松子仁各50克，葱花、盐、白糖、水淀粉各适量。

做法：❶ 胡萝卜洗净切丁；豌豆、松子仁洗净，备用。❷ 油锅烧热，放入葱花煸香，然后下胡萝卜丁翻炒，再下豌豆、玉米粒翻炒至熟，加盐、白糖调味，加松子仁，用水淀粉勾芡。

营养：玉米富含膳食纤维和维生素；松子仁含有维生素E、DHA和镁元素，两者搭配能满足胎宝宝骨骼、肌肉和大脑的快速发育需求。

爱的叮咛：吃鱼宜讲究烹饪方法

鱼类食品脂肪低、胆固醇低，含有大量的优质蛋白质。孕妈妈常吃鱼对母子大有裨益。孕妈妈每周应至少吃一次鱼类和虾，而且要注意烹调方式，保留营养的较好方式就是清蒸或炖汤。

韭菜炒虾仁

热量：低

原料：韭菜、虾仁各200克，葱丝、盐、料酒、高汤、香油各适量。

做法：❶ 虾仁洗净；韭菜择洗干净，切段。❷ 油锅烧热，下葱丝炝锅，放入虾仁煸炒，放料酒、盐、高汤稍炒；放入韭菜段翻炒，淋入香油即可。

营养：韭菜富含膳食纤维，可促进胃肠蠕动，促进排便。虾仁中富含的蛋白质、锌、钙等营养可促进胎宝宝正常发育。

香菇酿豆腐

热量：低

原料：豆腐300克，香菇5朵，榨菜、酱油、香油、淀粉、盐各适量。

做法：❶ 豆腐洗净，切成小块，中心挖空。❷ 香菇洗净，剁碎；榨菜剁碎。❸ 香菇碎、榨菜碎用香油、盐、淀粉搅拌均匀，当作馅料。❹将馅料放入豆腐中心，摆在碟上蒸熟，淋上香油、酱油即可。

营养：豆腐中含有丰富的钙质，可以和牛奶媲美，是孕妈妈补钙的好选择。

清蒸鲈鱼

原料：鲈鱼1条，姜丝、葱丝、盐、料酒、蒸鱼豉油、香菜叶各适量。

做法：❶ 将鲈鱼去鳞、鳃、内脏，洗净，两面划几刀，抹匀盐和料酒后放盘中腌5分钟。❷ 将葱丝、姜丝铺在鲈鱼身上，上蒸锅蒸15分钟，淋上蒸鱼豉油，撒上香菜叶即可。

营养：鲈鱼肉质白嫩，常食可滋补健身，提高孕妈妈免疫力，是增加营养又不会长胖的美食。

泥鳅红枣汤

热量：中

原料：泥鳅2条，红枣4颗，山药100克，姜片、盐、香菜叶各适量。

做法：❶ 将泥鳅洗净，烧开水，把泥鳅放进约六成热的水中，去掉黏液后，再洗净；山药去皮，切片；红枣洗净，去核。❷ 把泥鳅放进油锅中煎香，同时放姜片。❸ 注入清水用大火烧开，加入山药、红枣，然后转小火煮30分钟，加盐调味，撒上香菜叶即可。

营养：泥鳅和红枣搭配食用，能增强孕妈妈的抵抗力，减少孕早期外界因素对孕妈妈和胎宝宝的伤害。

糖醋莲藕

热量：低

原料：莲藕200克，料酒、盐、白糖、米醋、香油、花椒各适量。

做法：❶ 莲藕去节、削皮，切成薄片，用清水漂洗干净。❷ 油锅烧热，投入花椒，炸香后捞出，倒入藕片翻炒，加入料酒、盐、白糖、米醋，翻炒至将熟时，淋入香油即成。

营养：莲藕是传统止血药物，有止血、止泻功效，有利于保胎，防止流产。

炒红薯泥

热量：中

原料：红薯1个，核桃仁2个，熟花生3颗，葵花子仁、玫瑰汁、芝麻、蜂蜜、蜜枣丁、红糖水各适量。

做法：❶ 红薯去皮后上锅蒸熟，然后制成红薯泥；核桃仁、花生压碎。❷ 油锅烧热后将红薯泥倒入翻炒；倒入红糖水继续翻炒。❸ 再将玫瑰汁、芝麻、蜂蜜、花生碎、核桃仁碎、葵花子仁、蜜枣丁放入，继续翻炒均匀即可。

营养：红薯中富含多种维生素，核桃、花生、葵花子中DHA含量较高，有利于胎宝宝大脑发育和虹膜形成。

蔬菜虾肉饺

原料：饺子皮15张，猪肉150克，香菇3朵，虾、玉米粒各50克，胡萝卜1/4根，盐、五香粉各适量。

做法：❶ 胡萝卜切小丁；香菇洗净切小丁，虾去壳切丁。❷ 猪肉和胡萝卜一起剁碎，放入香菇丁、虾丁、玉米粒，搅拌均匀；再加入盐、五香粉制成肉馅。❸ 用饺子皮包上肉馅，煮熟即可。

营养：这道主食中含有B族维生素，可为胎宝宝的发育提供充足的营养。

西芹炒百合

原料：鲜百合100克，西芹200克，葱段、姜片、盐、高汤、水淀粉各适量。

做法：❶ 百合洗净，掰成小瓣；西芹洗净，切段，用开水焯烫。❷ 油锅烧热，下入葱段、姜片炝锅，再放入西芹段和百合翻炒至熟，调入盐、少许高汤，用水淀粉勾薄芡即可。

营养：此菜翠绿清爽，可开胃，西芹又含丰富的维生素和矿物质，对孕妈妈和胎宝宝来说都是必需的营养素。

茭白炒鸡蛋

原料：鸡蛋2个，茭白100克，盐、高汤各适量。

做法：❶ 茭白切丝；鸡蛋磕入碗内，加盐搅匀，入锅炒散。❷ 油锅烧热，放入茭白丝翻炒几下，加入盐及高汤，收干汤汁，放入鸡蛋，稍炒后盛入盘内。

营养：此菜中鸡蛋的醇厚香味和健康营养与茭白的清淡完美结合，非常适合孕妈妈食用。

葵花子酥球

热量：高

原料：熟葵花子、低筋面粉各 100 克，鸡蛋 1 个，牛奶 30 毫升，白糖 50 克，红糖 20 克，小苏打、白芝麻各适量。

做法：❶ 将熟葵花子、牛奶、红糖、白糖、部分鸡蛋液都放入搅拌机里，打成泥浆状。❷ 打好的葵花子泥倒入碗中。❸ 小苏打和低筋面粉混合后筛入碗里，与葵花子泥搅拌成面糊。❹ 用手将面糊揉成一个个小圆球，在圆球上刷一层蛋液，放在炒熟的白芝麻里滚一圈，然后放入烤盘里，以 170℃的温度烤 25 分钟左右即可。

营养：此点心可为孕妈妈和胎宝宝补充能量和热量，并能提供维生素 E，有助于安胎保胎。

牛奶水果饮

热量：低

原料：牛奶 250 毫升，熟玉米粒、葡萄、猕猴桃各 50 克，白糖、水淀粉、蜂蜜各适量。

做法：❶ 将猕猴桃、葡萄分别切成小块备用。❷ 把牛奶倒入锅中，加适量白糖搅拌至白糖化开，然后开火，放入熟玉米粒，边搅边放入水淀粉，调至黏稠度合适。❸ 出锅后将切好的水果丁摆在上面，滴入适量蜂蜜即可。

营养：玉米粒和猕猴桃、葡萄可以补充牛奶中膳食纤维的不足，还可补充维生素 C。

莲子芋头粥

热量：低

原料：糯米 50 克，莲子、芋头各 30 克，白糖适量。

做法：❶ 将糯米、莲子洗净，莲子泡软；芋头去皮洗净，切小块。❷ 将莲子、糯米、芋头块一起放入锅中，加适量水同煮，粥熟后加入白糖即可。

营养：莲子有补肾安胎的作用，适于孕妈妈孕早期食用，可增加营养，预防先兆流产。

孕 3 月（9~12 周）

本月胎宝宝器官的形成和发育正需要丰富的营养，孕妈妈虽然会因早孕反应等诸多不适应和不舒服而食欲不振，或者心情不畅，但一定要坚强乐观面对，尽量为胎宝宝多储备一些优质的营养物质，以满足他的成长所需。

偏胖的孕妈妈：如果孕妈妈孕吐很厉害，即使体重偏胖，也不要再刻意控制饮食了，吃点自己爱吃的。

偏瘦的孕妈妈：多吃点芒果、西红柿等开胃的食物，同时在天气好的时候外出散散步，适当的运动能刺激食欲，减轻孕吐。

孕吐严重的孕妈妈：有些孕妈妈孕吐反应非常强烈，可以投“胃口”所好，吃些酸味食物，如身边常备个酸味的橘子、苹果等水果。清晨孕吐严重的孕妈妈，可以吃些面包、烤馒头片等较干的食物，或者喝一杯柠檬水，都有缓解作用。同时一定注意饮食清淡，少喝油腻的汤。

胎宝宝发育所需营养

这个月胎宝宝的内脏器官逐渐成形，神经管开始连接大脑和脊髓，心脏已经分成 4 个腔，并且跳得很快，每分钟可达 150 次，是孕妈妈的 2 倍。泡在羊水里的胎宝宝，身上的小尾巴完全消失了，五官形状清晰可辨。

维生素 B_6

维生素 B_6 对胎宝宝的大脑和神经系统发育至关重要。研究表明，维生素 B_6 还能减轻孕早期出现的恶心、呕吐现象，有助于孕妈妈放松。瘦肉类、禽类、鱼类、谷类、豆类和坚果中维生素 B_6 的含量都很高。怀孕期间，每天需要大约 1 900 微克维生素 B_6。

镁

镁不仅对本月胎宝宝肌肉的健康至关重要，而且也有助于骨骼的正常发育。孕妈妈对镁的需求量每天约为 400 毫克。每星期可吃两三次花生，每次 5~8 颗便能满足对镁的需求量。绿叶蔬菜、坚果、全麦等食物中都含有丰富的镁。

维生素 A

维生素 A 有维护细胞功能的作用，可保持胎宝宝皮肤、骨骼、牙齿、毛发健康生长。本月，孕妈妈每天维生素 A 的摄入量为 0.8 毫克。一般每天吃 80 克鳗鱼、65 克鸡肝、75 克胡萝卜或 125 克紫甘蓝中的任何一种，就能满足孕妈妈每天所需的维生素 A。

DHA

DHA 是本月胎宝宝大脑中枢神经和视网膜发育不可缺少的营养物质。若胎宝宝从母体中获得的 DHA 不足，胎宝宝的大脑发育过程有可能被延缓或受阻，智力和视力发育会受到影响。因此，孕妈妈平时可以多吃一些富含DHA的食物，深海鱼类如沙丁鱼、黄花鱼、带鱼等，淡水鱼如鲫鱼、鳝鱼等。

本月必吃开胃食材

在早孕反应强烈的本月，孕妈妈的膳食以清淡、易消化为宜，经常吃些具有止呕开胃的食物，可减轻孕吐带来的不适感，及时补充营养。

西红柿

西红柿做法多样，营养丰富，富含维生素A、B族维生素、维生素C等。西红柿酸酸甜甜的口感有助于改善孕妈妈食欲，缓解孕吐。西红柿所含的苹果酸、柠檬酸，有助于胃液对脂肪及蛋白质的消化，可增强孕妈妈的食欲。孕妈妈常吃西红柿，还可补血益神，使皮肤柔嫩生辉，脸色红润。

柠檬

柠檬既能开胃醒脾，又能补充维生素C，对孕吐能起到很好的缓解作用。柠檬还富含柠檬酸、苹果酸，柠檬酸具有防止和消除皮肤色素沉着的作用，孕妈妈食用可以预防妊娠纹的产生。鲜柠檬切片泡水喝或榨汁后稀释饮用，可保留其中原始的营养成分。做鱼或肉类的菜肴时，加点柠檬汁，能使肉质更细嫩，还能去除鱼腥和油腻。

芒果

芒果果肉多汁，可以解渴生津，而且芒果还有止吐开胃的作用，可以改善孕早期的孕吐症状。芒果去皮，直接吃果肉，也可以榨汁食用，可充分摄取其中富含的维生素C和β-胡萝卜素。

将柠檬汁滴在手帕上，随身携带，方便随时缓解孕吐。

大米

大米是常见的主食，大米的蛋白质主要是米精蛋白，氨基酸的组成比较完全，人体容易消化吸收，其含有的碳水化合物利于消化吸收，孕妈妈胃口不好时，可喝些大米粥，能起到滋润肠胃的作用。大米淘洗次数不宜过多，煮大米粥时不要加碱，否则会使粥中的维生素B_1大量损失。

孕 3 月饮食宜忌

孕 3 月时，胎宝宝还比较脆弱，如果不小心吃到令他感到不舒服的东西，会给他的健康带来不利的影响。所以孕妈妈要谨遵孕期饮食原则和重点，了解孕期饮食宜忌，这样才能安安心心地过好孕期每一天。

宜每周吃二三次猪肝

猪肝富含铁和维生素 A，为使猪肝中的铁更好地吸收，建议孕妈妈坚持少量多次的原则，每周吃二三次，每次吃 25~30 克。因为大部分营养素摄入量越大，则吸收率越低，所以不要一次大量食用。

宜常喝豆浆

豆浆中的蛋白质、亚油酸、亚麻酸、油酸等多不饱和脂肪酸含量都相当高，对脑细胞作用大，是很好的健脑食品。在胎宝宝大脑快速增殖的“黄金期”，孕妈妈应经常喝豆浆，可以促进胎宝宝脑神经细胞的发育。

胡萝卜过油烹炒，更有利于营养的吸收利用。

宜多吃粗粮

孕妈妈饮食宜粗细搭配，粗粮主要包括谷类中的玉米、紫米、高粱、燕麦、荞麦、麦麸，以及豆类中的黄豆、红豆、绿豆等。由于加工简单，粗粮中含有比细粮更多的蛋白质、脂肪、维生素、矿物质及膳食纤维，对孕妈妈和胎宝宝来说非常有益。

宜吃抗辐射的食物

在工作和生活当中，电脑、电视、空调等各种电器都能产生电磁辐射。孕妈妈应多食用一些抗辐射食物。海带、西红柿、豆类、胡萝卜、西蓝花、橄榄油、鱼肝油都有抗辐射作用。

不宜多吃山楂

山楂开胃消食，酸甜可口，很多人都爱吃，但是山楂并不适合孕妈妈食用，山楂会对子宫有刺激，能促进子宫收缩，尤其是有流产史或有流产先兆现象的孕妈妈，更应少吃山楂或者索性不吃。从营养角度来看，喜吃酸食的孕妈妈，最好选择既有酸味又营养丰富的西红柿、樱桃、杨梅、石榴、橘子、酸枣、葡萄、青苹果等新鲜水果，其所含的维生素C也是孕妈妈和胎宝宝所必需的营养物质，对胎宝宝的生长发育、造血系统的健全都有着重要的作用。

不宜吃咸鸭蛋

孕妈妈体内雌激素随怀孕月份的增加而不断升高，雌激素有促使水分和盐在身体内存留的作用。如果孕妈妈饮食调配不当，极易造成水肿。一个咸鸭蛋所含的盐已超过孕妈妈一天的需要量，加之除咸鸭蛋外，孕妈妈每天还要食用其他含盐食物，这就使盐的摄入量远远超过身体需要量。盐积聚在体内超过肾脏排泄能力，就会导致孕妈妈水肿。

不宜用水果代替正餐

水果含有丰富的维生素，但是它所含的蛋白质和脂肪却远远不能满足孕妈妈子宫、胎盘和乳房发育的需要，在早孕反应依然存在的孕早期，很多孕妈妈吃不下东西，想用水果代替正餐，这样并不能满足自己和胎宝宝的营养需要，会造成营养不良，从而影响胎宝宝的生长发育。所以，孕妈妈不能用水果代替正餐。

最合理的吃水果时间是在两餐之间，尽量掌握在饭前1小时与饭后2小时的时间段中。因为正餐前吃水果会影响人的正常食量，肠胃也不能完全吸收水果中的营养。饭后马上吃水果则会影响食物的消化与吸收，因此吃完饭后应过2个小时再吃水果。

不宜过多摄入糖分

虽然本月孕妈妈需要摄取一定的糖类来为胎宝宝的成长提供能量，但是孕妈妈食糖要适量。如果摄入糖分过多，可能会造成体内糖分堆积。此外，糖分在体内新陈代谢时需要大量的维生素，可能会造成维生素消耗过大而不足。

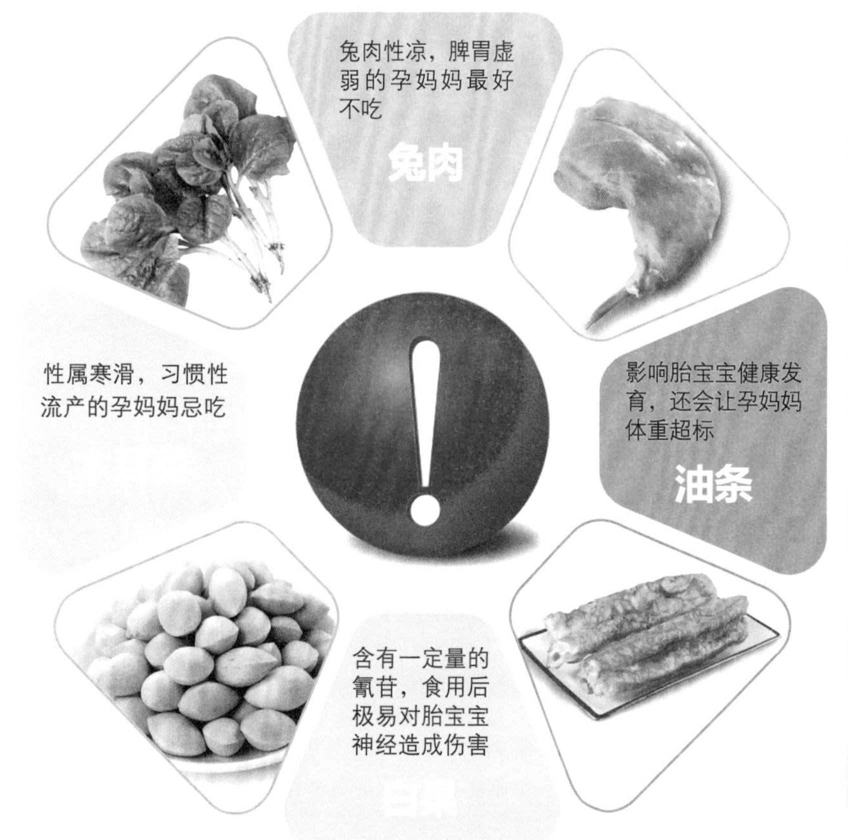

本月营养餐推荐

爱的叮咛：偏素食孕妈妈宜调整饮食

偏素食孕妈妈在孕期需要及时调整自己的饮食。你的身体需要丰富而均衡的营养，不仅要维持自己的需要，还要供给胎宝宝生长发育的需要。偏素食孕妈妈应注重补充蛋白质、铁、钙等营养素。

五谷豆浆

原料：黄豆40克，大米、小米、小麦仁、玉米粒各10克。

做法：❶黄豆洗净，浸泡10~12小时。❷大米、小米、小麦仁、玉米粒和泡发的黄豆放入豆浆机中，加清水至上下水位线间，接通电源，按“豆浆”键。❸待豆浆制作完成后过滤即可。

营养：五谷豆浆富含植物蛋白，可为胎宝宝的成长发育提供营养和能量。

松子意大利通心粉

原料：意大利通心粉150克，松子40克，香菇2朵，红椒、蒜瓣、盐各适量。

做法：❶意大利通心粉煮至八成熟捞出；红椒洗净切丝；蒜瓣切片；香菇切花刀。❷油锅烧热，加入松子，炒至颜色微黄时，加入蒜片、香菇和红椒丝，炒至香菇变软。❸加入煮好的意大利通心粉，拌炒均匀，加入适量盐即可。

营养：松子中含有胎宝宝大脑细胞发育所需要的必需脂肪酸，可补充“脑黄金”。

山药黑芝麻糊

原料：山药60克，黑芝麻50克，白糖适量。

做法：❶黑芝麻洗净，小火炒香，研成细粉。❷山药放入干锅中烘干，打成细粉。❸锅内加适量清水，烧沸后将黑芝麻粉和山药粉放入锅内，同时放入白糖，不断搅拌，煮5分钟，撒上炒熟的黑芝麻即可。

营养：山药和黑芝麻富含维生素E、碳水化合物，美味又营养，有助于促进胎宝宝的健康发育。

早餐搭配推荐

全麦面包（中）+ 五谷豆浆（低）+ 煮红薯（低）

松子意大利通心粉（中）+ 牛奶（低）

三文鱼粥

热量：中

原料：三文鱼、大米各 50 克，盐适量。

做法：❶ 三文鱼洗净，剁成鱼泥；大米洗净，浸泡 30 分钟。❷ 锅置火上，放入大米和适量清水，大火烧沸后改小火，熬煮成粥。❸ 待粥煮熟时，放入鱼泥，略煮片刻，加盐调味即可。

营养：三文鱼含有丰富的不饱和脂肪酸，对胎宝宝大脑的发育极有好处。

菠菜胡萝卜蛋饼

热量：中

原料：胡萝卜半根，面粉 100 克，菠菜 50 克，鸡蛋 1 个，盐适量。

做法：❶ 胡萝卜切丝，菠菜切段用热水烫一下。❷ 将菠菜段、胡萝卜丝和面粉放在盆中，加入盐、鸡蛋，添水搅拌成糊状。❸ 平底锅放油，将面糊倒入，小火慢煎，两面翻烙，直到面饼呈金黄色至熟即可。

营养：菠菜、胡萝卜中都富含胡萝卜素，鸡蛋中富含钙、磷、蛋白质等，是孕妈妈不可忽视的“营养宝库”。

爱的叮咛：每天吃 1 根香蕉

香蕉是钾的极好来源，钾有降压、保护心脏与血管内皮的作用，并含有丰富的维生素和果胶，果胶具有促进肠道蠕动的作用，这对于孕妈妈是十分有利的。此外，香蕉含有丰富的叶酸和维生素 B_6，叶酸、维生素 B_6 可保证胎宝宝神经管的正常发育，避免严重畸形的发生。而且，维生素 B_6 对早孕反应还有一定的缓解作用。因此，孕妈妈可以每天吃 1 根香蕉。

银耳拌豆芽

原料： 绿豆芽 100 克，银耳、青椒各 50 克，香油、盐各适量。

做法： ❶ 将绿豆芽去根，洗净，沥干。❷ 银耳用水泡发，洗净；青椒洗净，切丝。❸ 锅中加水烧开，将绿豆芽和青椒丝焯熟，捞出晾凉。❹将银耳放入开水中焯熟，捞出过凉水，沥干。❺将绿豆芽、青椒丝、银耳放入盘中，放入香油、盐，搅拌均匀即可。

营养： 此菜含有丰富的维生素 C 和胡萝卜素，有利于减轻孕吐反应，促进胎宝宝的营养吸收。

午餐

肉末炒芹菜

原料： 猪瘦肉 150 克，芹菜 200 克，酱油、料酒、葱花、姜末、盐各适量。

做法： ❶ 猪瘦肉洗净，切成末，然后用酱油、料酒调汁腌制；芹菜择洗干净，切丁。❷ 油锅烧热，先下葱花、姜末煸炒，再下肉末大火快炒，放入芹菜丁，炒至熟时，烹入酱油和料酒，加盐调味即可。

营养： 芹菜富含膳食纤维，可促进肠道蠕动，利于排便。

豆苗鸡肝汤

原料： 嫩豆苗 30 克，鸡肝 100 克，姜末、料酒、盐、香油、鸡汤各适量。

做法： ❶ 鸡肝洗净，切片，用料酒腌制，入开水汆烫，捞出沥干。❷ 嫩豆苗择洗干净。❸ 锅置火上，倒入鸡汤，烧开时放入鸡肝片、豆苗、姜末，加入料酒、盐烧沸，淋上香油即可。

营养： 鸡肝中的维生素 A 有助于胎宝宝骨骼和眼皮的发育。

拔丝香蕉

热量：高

原料：香蕉2根，鸡蛋1个，面粉100克，糖适量。

做法：❶ 香蕉去皮，切块；鸡蛋打匀，与面粉搅匀，调成糊。❷ 油锅烧至五成热时放入糖、清水，待糖溶化，用小火慢慢熬至金黄。❸ 糖快好时，另起锅将油烧热，香蕉块蘸上面糊投入锅中，炸至金黄色时捞出，倒入糖汁中拌匀即可。

营养：香蕉中含有蛋白质、抗坏血酸、膳食纤维等营养成分，对预防孕期抑郁有一定的作用。

水果拌酸奶

热量：低

原料：酸奶125毫升，香蕉、草莓、苹果、梨各适量。

做法：❶ 香蕉去皮；草莓洗净、去蒂；苹果、梨洗净，去核；将所有水果均切成1厘米见方的小块。❷ 将所有水果盛入碗内再倒入酸奶，以没过水果为好，拌匀即可。

营养：水果拌酸奶酸甜可口，清爽宜人，能增强消化能力，促进食欲，非常适合胃口不佳的孕妈妈食用。

芒果鸡丁

热量：低

原料：鸡胸肉300克，小芒果2个，青椒50克，鲜柠檬片3片，葱花、蒜末、料酒、生抽、盐各适量。

做法：❶ 鸡胸肉洗净，切丁，加盐、料酒腌制。❷ 芒果取果肉，切小丁；青椒切块。❸ 油锅烧热，放蒜末炒香，放入鸡丁翻炒至变色，放少量生抽炒匀。❹ 放入青椒块、柠檬片翻炒约1分钟，放入芒果丁和葱花混合均匀。

营养：甜香的芒果搭配鸡肉，清清爽爽，香嫩滑口，可帮助消化，缓解疲劳，净化血液。

爱的叮咛：晚餐宜清淡

过于油腻的食物会引起失眠，因为油腻食物在消化过程中会加重肠、胃、肝、胆和胰腺的工作负担，刺激神经中枢，让它一直处于工作状态，导致睡眠时间推迟。建议孕妈妈晚餐尽量以清淡口味为主，晚上 7 点前吃完晚餐比较合适。

海藻绿豆粥

原料：大米 50 克，糯米 40 克，绿豆 30 克，海藻芽 10 克。

做法：❶ 大米、糯米和绿豆一起用清水淘洗干净；海藻芽用清水浸泡 15 分钟，洗去表面浮盐后切碎。❷ 锅中加入大米、糯米、绿豆和适量清水，用大火煮开，转小火慢煮。❸ 煮至糯米和绿豆熟软，加入海藻芽，再煮 5 分钟即可。

营养：素食孕妈妈易因缺乏维生素 B_{12} 而导致贫血，而常食海藻就能很好地解决这一问题。

银耳羹

原料：银耳 20 克，樱桃、草莓、核桃仁各 10 克，冰糖、淀粉各适量。

做法：❶ 银耳浸泡，洗净；樱桃、草莓洗净，切块。❷ 银耳放入锅中，加适量清水，用大火烧开，转小火，加入冰糖、淀粉，稍煮。❸ 加入樱桃、草莓、核桃仁，稍煮即可。

营养：银耳中含多种营养成分，可以提高孕妈妈的免疫力，还能使胎宝宝的心脏更强健。

西米火龙果

原料：西米 50 克，火龙果 1 个，糖适量。

做法：❶ 将西米用开水泡透蒸熟；火龙果对半剖开，挖出果肉切成小粒。❷ 锅中注入清水，加入糖、西米、火龙果粒一起煮开，盛入火龙果外壳内即可。

营养：西米可以健脾、补肺、化痰；火龙果有解重金属中毒、抗氧化、抗自由基、抗衰老的作用，还能降低孕期抑郁症的发生概率。

柠檬煎鳕鱼

热量：中

原料：鳕鱼肉200克，柠檬50克，鸡蛋1个，盐、水淀粉各适量。

做法：❶将鳕鱼肉洗净，切块，加盐腌制片刻；柠檬切片，将适量柠檬汁挤入鳕鱼块中，其他摆在盘边。❷鸡蛋取蛋清磕入碗中打散。❸将腌制好的鳕鱼块裹上蛋清和水淀粉。❹油锅烧热，放鳕鱼块煎至金黄即可。

营养：鳕鱼属于深海鱼类，DHA含量高，是有利于胎宝宝大脑发育的益智食品。

阿胶红糖粥

热量：中

原料：阿胶1块，大米30克，红糖适量。

做法：❶将阿胶捣碎备用。❷取大米淘净，放入锅中，加清水适量，煮为稀粥。❸待熟时，调入捣碎的阿胶，加入红糖即可。

营养：此粥养血止血、固冲安胎、养阴润肺，可以有效帮助胎宝宝肝脏、脾脏、骨髓制造血细胞。

虾皮豆腐汤

热量：低

原料：豆腐100克，虾皮10克，酱油、盐、白糖、姜末、淀粉各适量。

做法：❶豆腐切丁，入沸水焯烫；虾皮洗净。❷油锅烧热，放入姜末、虾皮爆出香味。❸倒入豆腐丁，加酱油、白糖、盐、适量水后烧沸，最后用淀粉勾芡即可。

营养：豆腐和虾皮的含钙量高，且营养丰富，是孕妈妈孕期的必吃食物。

葱爆酸甜牛肉

原料：牛里脊肉250克，葱100克，彩椒丝、香油、料酒、酱油、醋、白糖、盐各适量。

做法：❶ 牛里脊肉洗净，切薄片，加料酒、酱油、白糖、香油拌匀；葱洗净，葱白切成丝，葱绿切成葱花。❷ 油锅烧热，下牛里脊肉片、葱丝、彩椒丝，迅速翻炒至肉片断血色，滴入醋，撒点盐翻炒至熟，起锅装盘，撒葱花即成。

营养：牛肉含有蛋白质、镁、锌，葱含有的胡萝卜素在体内可以被催化为维生素A，适合孕妈妈常吃。

西红柿面片汤

原料：西红柿、面片各100克，熟鹌鹑蛋2个，木耳5克，香菜叶、高汤、盐、香油各适量。

做法：❶ 西红柿烫水去皮，切丁；木耳泡发洗净。❷ 油锅烧热，炒香西红柿丁，炒成泥状后加入高汤，烧开后加入木耳和剥去壳的鹌鹑蛋。❸ 加入面片，煮3分钟后，加盐、香油调味，撒入香菜叶即可。

营养：西红柿有利于增进食欲，促进营养成分被机体快速吸收。

土豆烧牛肉

原料：牛肉150克，土豆100克，盐、酱油、葱花各适量。

做法：❶ 将土豆去皮，切块；牛肉洗净，切成滚刀块，放入沸水锅中汆透。❷ 油锅烧热，下牛肉块煸炒出香味，加盐、酱油和适量水，汤沸时撇净浮沫，改小火炖约1小时，最后下土豆块炖熟，盛盘撒葱花即可。

营养：此菜富含碳水化合物、维生素E、铁等营养成分，对贫血的孕妈妈有一定益处。

莲藕橙汁

热量：低

原料：莲藕100克，橙子1个。

做法：❶ 莲藕洗净后削皮，切小块；橙子切开，去皮后剥成瓣，去子。❷ 将莲藕块、橙子瓣放入榨汁机中，加适量温开水，榨汁即可。

营养：莲藕中含有丰富的维生素、矿物质和膳食纤维，尤其是维生素C的含量特别高，可以帮助孕妈妈预防感冒。

南瓜饼

热量：低

原料：南瓜200克，糯米粉400克，白糖、豆沙馅各适量。

做法：❶ 南瓜去子，洗净，切块，包上保鲜膜，用微波炉加热10分钟。❷ 挖出南瓜肉，加糯米粉、白糖，和成面团。❸ 将南瓜面团搓压成小圆球，包入豆沙馅压成饼坯，上锅蒸熟。

营养：南瓜营养丰富，维生素E含量较高，有利于安胎，还有润肺益气、解毒止呕、缓解便秘的作用，有益于孕妈妈和胎宝宝的身体健康。

西米猕猴桃糖水

热量：低

原料：西米100克，猕猴桃2个，枸杞子、白糖各适量。

做法：❶ 西米洗净，用清水泡2小时。❷ 将猕猴桃去皮切成粒；枸杞子洗净。❸ 锅里放适量水烧开，放西米煮10分钟，加猕猴桃、枸杞子、白糖，用小火煮熟透即可。

营养：西米猕猴桃糖水香甜可口，可为孕妈妈补充能量和维生素，是孕期一道很不错的营养加餐。

孕 4 月（13~16 周）

从这个月开始，孕妈妈进入了比较安全、愉快的孕中期。怀孕引起的不舒服逐渐消退，胎宝宝也正在健康地成长。孕妈妈的食欲在增加，胎宝宝的营养需求也加大了，孕妈妈需要全面摄取各种营养，切忌暴饮暴食。本月孕妈妈的每天主食量应为 250~300 克，这对保证热量供给、充分利用蛋白质有着重要意义。

偏胖的孕妈妈：孕中期是最容易出现体重超重的时期，孕妈妈可以吃些牛肉、豆腐、牛奶、鸡蛋等富含优质蛋白但脂肪相对较低的食物，晚餐不要吃太多，并多运动，保证本月体重增长不超过 1.5 千克。

偏瘦的孕妈妈：进入孕中期，胎宝宝的营养需求增加了，孕妈妈要多进补，一定不能为了保持苗条身材而节食。

患妊娠糖尿病的孕妈妈：有妊娠糖尿病的孕妈妈要控制米饭、面食等主食的量，多吃点水果蔬菜，特别是要选择含糖分少的水果。

患妊娠高血压疾病的孕妈妈：注意休息，饮食应保证摄取充足的蛋白质、热量，多吃蔬菜水果，不必刻意限制盐分的摄入，但对于全身水肿者应适当限盐。

胎宝宝发育所需营养

这个月胎宝宝的头渐渐伸直，胎毛、头发、乳牙也迅速增长，有时还会出现吸吮手指、做鬼脸等动作。胎宝宝的大脑明显地分成了6个区，皮肤逐渐变厚而不再透明。

多种维生素

为了帮助胎宝宝对铁、钙、磷等营养素的吸收，孕4月要相应增加维生素A、维生素B_1、维生素B_2、维生素C、维生素D和维生素E的供给。维生素D有促进钙吸收的作用，每天的维生素D需要量为10微克。孕妈妈应多吃些蔬菜和水果，如西红柿、茄子、白菜、葡萄、橙子等。

碘

从本月开始，胎宝宝的甲状腺开始起作用，能够自己制造激素了。甲状腺功能活跃时，碘的需要量增加。孕妈妈每天碘摄取量应在200微克，最好由蔬菜和海产品供给。富含碘的食物有海带、紫菜、海虾、海鱼等，并坚持食用加碘食盐。

脂肪

本月胎宝宝进入急速生长阶段，孕妈妈应格外关注脂肪的补充。如果缺乏，孕妈妈可能发生脂溶性维生素缺乏症，引起肾脏、神经等多种疾病，并影响胎宝宝心血管和神经系统的发育和成熟。孕妈妈只要正常吃花生、芝麻、蛋黄、动物内脏、肉类、花生油、豆油等富含脂肪的食物就能满足每天的需要量。

β-胡萝卜素

β-胡萝卜素可以在体内生成维生素A，能够促进胎宝宝的骨骼发育，有助于细胞、黏膜组织、皮肤的正常生长，还能增强孕妈妈的免疫力。通常食物的颜色越深，其含有的β-胡萝卜素也就越多。胡萝卜、菠菜、西蓝花、生菜、芹菜、哈密瓜、红薯等蔬果的β-胡萝卜素含量均较高。

本月必吃补钙食材

孕4月胎宝宝的牙根在生成，骨骼在硬化，胳膊和腿逐渐长成，此时需要补充钙质，孕妈妈可以适量多吃些补钙的食物。

豆腐

豆腐营养丰富，口感嫩滑，食用方法多样，素有“植物肉”之称，是孕妈妈补充营养的重要食物来源，也是素食孕妈妈的最佳食品。豆腐含钙高，不宜与含草酸高的食物一起吃，如菠菜、竹笋、苋菜等，否则容易生成难溶或不溶的草酸钙，影响钙的吸收。

奶酪

奶酪具有丰富的蛋白质、B族维生素、钙和多种微量元素，是牛奶“浓缩”的精华，被誉为乳品中的“黄金”，是孕妈妈补钙的最佳选择之一。可将奶酪加入菜肴中，增加口感的同时还能使菜中的营养更全面。

虾皮

虾皮含钙量高，能够促进骨骼发育，是孕期必吃的补钙食物。虾皮便宜、实惠、味道鲜美，可用于各种菜肴及汤类的增鲜提味，是中西菜肴中不可缺少的海鲜调味品。但是要记住无论吃什么东西，都要适可而止，别吃太多，也千万别吃生的虾皮，以免引起肠胃不适。

牛奶

牛奶富含人体易吸收的钙，也不易刺激胃肠道，是孕妈妈的理想饮品。经常饮用可预防缺钙，让胎宝宝骨骼健壮、拥有健康的牙齿。但不宜空腹喝牛奶，喝前最好吃点东西，如面包、蛋糕等，以减低乳糖的浓度，有利于营养成分的吸收。

海带

海带营养价值高，素有“长寿菜”和“海上之蔬”的美誉。海带含钙、碘丰富，孕期适当吃些海带可以补钙、补碘，预防甲状腺方面的疾病。

孕4月饮食宜忌

孕4月是胎宝宝的快速发育期，如果孕妈妈摄入的营养素不足，胎宝宝就会同母体抢夺营养素，从而使孕妈妈的身体出现各种不适。因此孕妈妈要注意各类营养素的全面摄入。

宜常备小零食

孕中期胎宝宝营养需要量比较大，营养不足会直接危害胎宝宝和孕妈妈健康。此时可以采用吃零食的办法，即常说的采用“少吃多餐”的办法来解决。吃零食能起到临时充饥的作用，还能够锻炼牙齿和美容，多数零食“耐嚼”，能起到健齿作用，既锻炼了牙齿，又有健脑作用。开心果、松子等坚果类小零食孕妈妈应该随身携带，饿了就吃，可随时补充营养。

宜适量吃点大蒜

大蒜有较强的杀菌作用，在饮食中适量添加一些大蒜，有助于孕妈妈抵抗外来细菌的侵袭，常吃可以预防感冒的发生。孕妈妈不要拒绝吃蒜，可放入菜中一起烹饪食用。大蒜虽好，但也不能吃得太多，吃多了会刺激孕妈妈的肠胃，对身体和胎宝宝都不利。

生蒜气味辛辣，孕妈妈最好烹饪后再吃。

宜多食用预防妊娠斑的食物

妊娠斑是由于孕期内分泌的变化，引起某些部位皮肤的色素沉积，产后会慢慢减轻或消失。孕妈妈平时可以多吃一些预防妊娠斑的食物。维生素C、B族维生素、维生素D含量丰富的食物，都非常适合有妊娠斑的女性吃，如柠檬、猕猴桃等水果。

宜喝煮开的豆浆

在自制豆浆的时候，孕妈妈一定要注意，豆浆不但要煮开，煮的时候还要敞开锅盖，煮沸后继续加热3~5分钟，使泡沫完全消失，这样豆浆里的有害物质可以随着水蒸气挥发掉。孕妈妈每次饮用250毫升为宜，且自制豆浆应在2小时内喝完。

不宜吃未成熟的西红柿

未成熟的西红柿含有大量的有毒番茄碱，孕妈妈食用后，会出现恶心、呕吐、全身乏力等中毒症状，对胎宝宝的发育有害。所以，孕妈妈一定要吃熟透的西红柿。

不宜多吃火锅

大家在吃火锅时，习惯把鲜嫩的肉片放到煮开的汤料中稍稍一烫即进食，这种短暂的加热不能杀死寄生在肉片细胞内的弓形虫幼虫，进食后幼虫可在肠道中穿过肠壁随血液扩散至全身。孕妈妈受感染时多无明显不适，或仅有类似感冒的症状，但幼虫可通过胎盘传染胎宝宝，严重者可发生流产、死胎，或影响胎宝宝大脑的发育而发生小头、大头(脑积水)或无脑儿等畸形。

因此，孕妈妈尽量少吃火锅，如果特别想吃，可在家吃，而且尽量避免用同一双筷子取生、熟食物。

不宜过量吃水果

不少孕妈妈喜欢吃水果，甚至还把水果当蔬菜吃。有的孕妈妈为了生个健康、漂亮、皮肤白净的宝宝，就在孕期拼命吃水果，认为这样既可以充分地补充维生素，又可以使将来出生的宝宝皮肤好，其实这种观点是片面的、不科学的。

虽然水果和蔬菜都有丰富的维生素，但是二者还是有本质区别的。水果中的膳食纤维成分并不高，但是蔬菜里的膳食纤维成分却很高。过多地摄入水果，而不吃蔬菜，直接减少了孕妈妈膳食纤维的摄入量。另外，有的水果中糖分含量很高，孕期食用糖分过高的食物，还可能引发孕妈妈肥胖或血糖过高等问题。

不宜过量补钙

孕妈妈缺钙可诱发手足抽筋，胎宝宝也易得先天性佝偻病和缺钙抽搐。但是如果孕妈妈补钙过量，胎宝宝可能患高血钙症，不利于胎宝宝发育，且有损胎宝宝颜面美观。一般来说，孕妈妈在孕早期每天需钙量为 800 毫克，孕中后期，增加到 1 100 毫克。这并不需要特别补充，只要从日常的鱼、肉、蛋、奶等食物中合理摄取即可。

本月营养餐推荐

爱的叮咛：饮食均衡，不宜过饱

孕4月孕妈妈的孕吐症状减轻，孕妈妈可以全面地摄取各种营养。不过，再好吃、再有营养的食物都不要一次吃得过多、过饱，以免造成胃胀或其他不适。一连几天大量食用同一种食物，这也是不可取的，会导致营养摄入的单一化，不利于胎宝宝健康成长。

奶酪三明治

原料： 全麦面包4片，奶酪2片，西红柿200克，黄油适量。

做法： ❶ 不粘锅预热，放入黄油；全麦面包切成圆形。❷ 将黄油溶化后，放入第1片全麦面包，然后放入奶酪和第2片全麦面包。❸ 煎30秒后，如果全麦面包已经变成金黄色，翻面，将另一面也煎成金黄色。依照上述方法，将剩余的2片面包和奶酪制作完成。❹ 西红柿洗净，切片，夹在全麦面包中即可。

营养： 奶酪含有丰富的维生素A，能增强孕妈妈的抗病能力，还能让孕妈妈和胎宝宝的眼睛明亮动人。

猪肉酸菜包

原料： 面粉500克，猪肉350克，酸菜150克，酵母粉、香油、酱油、盐、葱花、姜末各适量。

做法： ❶ 酸菜洗净，切丝；猪肉切末；油锅烧热后，将肉末翻炒断生，加酱油、盐炒匀，出锅加葱花、姜末、香油及酸菜丝拌匀成馅。❷ 酵母粉溶于水中，倒入面粉中和成面团，饧发片刻，取出面团揉匀，分成50克左右1个的面团，擀成皮，放入馅，包成包子，最后上笼蒸熟即可。

营养： 酸菜能够醒脾开胃，增进食欲。

西红柿猪骨粥

原料： 西红柿100克，猪骨300克，大米100克，盐适量。

做法： ❶ 猪骨剁成块；西红柿洗净，切块；大米洗净，浸泡。❷ 锅置火上，放入猪骨块和适量水，大火烧沸后改小火熬煮1小时。❸ 放入大米、西红柿块，继续熬煮成粥，待粥熟时，加盐即可。

营养： 此粥含有丰富的蛋白质、脂肪、钙、胡萝卜素等，孕妈妈常喝可预防宝宝软骨病的发生。

早餐搭配推荐

奶酪三明治(中)+煮鸡蛋(低)+酸奶(低)

西红柿猪骨粥(中)+拌海带丝(低)+豆浆(低)

胡萝卜小米粥

热量:中

原料: 胡萝卜半根,小米30克。

做法: ❶将胡萝卜洗净,切成小块;小米淘洗净,备用。❷将胡萝卜块和小米一同放入锅内,加清水大火煮沸。❸转小火煮至胡萝卜绵软,小米开花即可。

营养: 此粥富含维生素,可刺激皮肤的新陈代谢,保持皮肤润泽细嫩。

什锦面

热量:中

原料: 面条100克,鸡肉50克,香菇2朵,胡萝卜、青菜各20克,豆腐30克,鸡蛋1个,海带丝、香油、盐、鸡骨头各适量。

做法: ❶鸡骨头熬汤;胡萝卜洗净切丝;香菇洗净切丝;豆腐切块;青菜切丝,备用。❷把鸡肉剁成肉末加入鸡蛋清后揉成小丸子,在开水中汆熟。❸把面条放入熬好的汤中煮熟,放青菜丝、香菇丝、海带丝、豆腐块、胡萝卜丝和小丸子煮熟,最后放盐、香油即可。

营养: 什锦面营养均衡,易于消化,可为孕妈妈补充体力。

爱的叮咛：适当增加热量摄入

进入孕中期后，胎宝宝迅速发育，孕妈妈的子宫、乳房明显增大，身体对热量、蛋白质、脂肪、钙、铁等的需要增加，日常饮食要相应地增加热量供给。除了适当增加米饭、馒头等主食外，孕妈妈还可适当补充一些鱼、肉、蛋、奶、豆制品和坚果等。小米、玉米、红薯等粗粮，在补充热量的同时，还能预防便秘，可与细粮搭配食用。

粉蒸排骨

原料：猪排 450 克，红薯 2 个，豆瓣酱、老抽、蒜末、白糖、盐、蒸肉米粉各适量。

做法：❶ 将猪排洗净，斩成段；红薯洗净，削皮，切小块。❷ 将豆瓣酱、老抽、蒜末、白糖、盐加入猪排段中，腌制 20 分钟，再倒入蒸肉米粉，使猪排段均匀地裹上米粉。❸ 取蒸笼，下面垫上一层切好的红薯块，将猪排段铺上，大火蒸 50 分钟即可。

营养：猪排富含蛋白质、脂肪，适合孕妈妈食用，以满足胎宝宝生长需要。

海蜇拌双椒

原料：海蜇皮 1 张，青椒、红椒各 20 克，姜丝、盐、白糖、香油各适量。

做法：❶ 海蜇皮洗净、切丝，温水浸泡后沥干；青椒、红椒分别洗净、切丝备用。❷ 青椒丝、红椒丝拌入海蜇丝，加姜丝、盐、白糖、香油拌匀即可。

营养：海蜇含碘丰富，有助于本月胎宝宝甲状腺的健康发育，进而促进其中枢神经系统和大脑的发育。

鲫鱼丝瓜汤

原料：鲫鱼 1 条，丝瓜 100 克，姜片、盐各适量。

做法：❶ 鲫鱼去鳞、去鳃、去内脏，洗净，切块。❷ 丝瓜去皮，洗净，切长条。❸ 锅中放入清水，把丝瓜段和鲫鱼块一起放入锅中，再放入姜片，先用大火煮沸，后改用小火慢炖至鱼熟，加盐调味即可食用。

营养：鲫鱼丝瓜汤富含蛋白质，可为本月胎宝宝神经元的形成和发育提供营养。

午餐搭配推荐

玉米面馒头（中）+ 粉蒸排骨（中）+ 海蜇拌双椒（低）

粗粮饭（中）+ 鲫鱼丝瓜汤（中）+ 虾仁娃娃菜（低）

素拌香菜

原料：香菜 20 克，花生仁、香干各 50 克，白糖、醋、香油、盐各适量。

做法：❶ 花生仁煮熟，去皮；香干切丁。❷ 香菜洗净，放入开水中焯烫，迅速捞出，冲凉，切末备用。❸ 把香菜末和香干丁、花生仁放在碗中，加白糖、盐、醋和香油，拌匀即可。

营养：香菜能勾起孕妈妈的食欲，这是因为它含有挥发油和挥发性香味物质。

牛肉焗饭

原料：牛肉、大米、菜心各 100 克，盐、酱油、料酒各适量。

做法：❶ 牛肉洗净切片，用盐、酱油、料酒腌制；菜心洗净，焯烫；大米淘洗干净。❷ 大米放入煲中，加适量水，开火煮饭，待饭将熟时，调成微火，放入牛肉片继续煮，牛肉熟后，把菜心围在边上即可。

营养：牛肉富含铁、蛋白质等营养成分，孕妈妈常吃还能增强体力。

虾仁娃娃菜

原料：娃娃菜 1 棵，虾仁 50 克，清汤、盐各适量。

做法：❶ 娃娃菜洗净，切段，焯水过凉；虾仁洗净备用。❷ 锅内倒入适量清汤，大火烧开后放入娃娃菜，开锅后加入虾仁，大火滚煮至熟，加入适量盐即可。

营养：虾含丰富的优质蛋白质、维生素 A、维生素 B_1、维生素 B_2，有利于胎宝宝此阶段各个器官的快速发育。

爱的叮咛：选择合理的烹调方式

孕妈妈对各种营养素的需求增加，除了要注重选择营养丰富的食物外，还要注意烹调方式，烹调加工不合理也会导致营养成分损失。鱼、肉类、海鲜等食物一定要煮熟再食，避免食物中毒。

凉拌空心菜

原料：空心菜 150 克，蒜末、盐、香油各适量。

做法：❶ 将空心菜洗净，切段。❷ 水烧开，放入空心菜段，滚三滚后捞出沥干。❸ 蒜末、盐与少量水调匀后，浇入热香油，再和空心菜段拌匀即可。

营养：空心菜中膳食纤维含量极为丰富，可为孕妈妈轻松排毒，同时富含胡萝卜素，能够促进胎宝宝视力发育。

糖醋白菜

原料：白菜 200 克，胡萝卜半根，淀粉、白糖、醋、酱油各适量。

做法：❶ 白菜、胡萝卜洗净，斜刀切片。❷ 将淀粉、白糖、醋、酱油调成糖醋汁，备用。❸ 油锅烧热，放入白菜片、胡萝卜片翻炒，炒至熟烂。❹ 倒入糖醋汁，翻炒几下即可。

营养：这道糖醋白菜味道酸甜，脆嫩爽口，糖醋汁的味道能够很好地渗入到白菜片中，让孕妈妈食欲大振。

咖喱蔬菜鱼丸煲

原料：洋葱、土豆、胡萝卜、鱼丸、西蓝花各 100 克，盐、白糖、酱油、高汤、咖喱各适量。

做法：❶ 将洋葱、土豆、胡萝卜分别去皮洗净，切块；西蓝花洗净切小朵。❷ 将所有食材与咖喱一起炒熟后，加高汤煮沸。❸ 放入盐、白糖、酱油调味即可。

营养：咖喱蔬菜鱼丸煲含丰富的维生素，可为孕妈妈提供充足的营养。

晚餐搭配推荐

牛奶馒头（中）+ 糖醋白菜（低）+ 鸡蛋汤（低）

海藻绿豆粥（中）+ 清蒸大虾（低）+ 凉拌空心菜（低）

炝拌黄豆芽

原料：黄豆芽 150 克，胡萝卜半根，盐、花椒油、香油各适量。

做法：❶ 黄豆芽洗净；胡萝卜洗净，去皮切丝。❷ 黄豆芽、胡萝卜丝分别焯水，捞出沥干。❸ 将黄豆芽、胡萝卜丝倒入大碗中，调入盐、香油拌匀；用勺子烧热花椒油，泼在上面，搅拌均匀即可。

营养：黄豆芽中的维生素 B_2 含量是黄豆的 2~4 倍，在本月胎宝宝快速增长时期，食用黄豆芽能有效避免胎宝宝发育迟缓。

干烧黄花鱼

原料：黄花鱼 1 条，香菇 2 朵，五花肉 50 克，葱末、蒜末、姜末、料酒、酱油、白糖、盐各适量。

做法：❶ 黄花鱼去鳞及内脏，洗净；香菇洗净，切小丁；五花肉洗净，按肥瘦切成小丁。❷ 油锅烧热，放入黄花鱼，煎至一面呈微黄色时翻面。❸ 另起油锅烧热，放入肥肉丁和姜末，用小火煸炒，再放入其他食材和调料，加水烧开，转小火烧 15 分钟即可。

营养：黄花鱼中富含蛋白质和 B 族维生素，可促进胎宝宝生长。

清蒸大虾

原料：虾 150 克，葱、姜、料酒、花椒、高汤、米醋、酱油、香油各适量。

做法：❶ 虾洗净，去虾线；葱择洗干净切丝；姜洗净，一半切片，一半切末。❷ 将虾摆在盘内，加入料酒、葱丝、姜片、花椒和高汤，上笼蒸 10 分钟左右；拣去葱丝、姜片、花椒，然后装盘。❸ 用米醋、酱油、姜末和香油兑成汁，供蘸食。

营养：虾能补肾健胃，有利于胎宝宝各个器官的发育。

爱的叮咛：加餐要定量

孕 4 月孕妈妈的食欲大增，可在每天上午 10 点、下午 3 点或者晚上加些食物，如蛋卷、银耳汤、紫薯山药球、豆制品、酸奶吐司等。不过加餐也要控制好量，不能无限制地吃，特别是晚上，吃点水果，喝杯牛奶就可以了。

如意蛋卷

原料：鸡蛋 2 个，虾仁、草鱼肉各 100 克，蒜薹 50 克，紫菜、盐、水淀粉各适量。

做法：❶ 草鱼肉与虾仁剁成肉蓉，加盐、水淀粉搅拌均匀。❷ 将蒜薹焯烫沥干；鸡蛋打散后入油锅制成蛋皮。❸ 蛋皮上铺紫菜，将肉蓉、蒜薹均匀地铺于紫菜上，卷起来。❹ 蛋卷汇合处抹少许水淀粉，用细绳绑住，上锅蒸熟，切开即可。

营养：此蛋卷能补充胎宝宝本月发育所需的蛋白质及多种维生素。

紫薯山药球

原料：紫薯、山药各 100 克，炼奶适量。

做法：❶ 将紫薯、山药分别洗净，去皮，蒸熟后压成泥。❷ 在山药泥中混入适量蒸紫薯的水，然后和紫薯泥一起分别拌入炼奶混合均匀。❸ 用模具定形即可。

营养：山药含有氨基酸、胆碱、维生素 B_2、维生素 C 及钙、磷、铜、铁、碘等多种营养素，能满足胎宝宝身体发育所需。

橙黄果蔬汁

原料：苹果 1 个，胡萝卜 1 根，芒果、橙子各半个。

做法：❶ 苹果、芒果洗净，去皮，去核。❷ 橙子洗净，去皮，去子；胡萝卜洗净，去皮。❸ 将所有材料切成小块，放入榨汁机。❹ 加水至上下水位线之间，榨汁后倒出即可。

营养：这款果蔬汁能补充多种维生素和抗氧化成分，还可帮孕妈妈预防便秘。

加餐搭配推荐

如意蛋卷(中)+橙黄果蔬汁(低)

荸荠银耳汤(中)+核桃(中)

水果酸奶吐司

原料: 全麦吐司2片,低脂酸奶150毫升,蜂蜜、草莓、哈密瓜、猕猴桃各适量。

做法: ❶吐司切成方丁。❷所有水果洗净,去皮,切成小丁。❸将酸奶盛入碗中,调入适量蜂蜜,再加入吐司丁、水果丁搅拌即可。

营养: 酸甜的口感提高孕妈妈食欲的同时,还能使孕妈妈摄取到丰富的维生素,美容养颜。

荸荠银耳汤

原料: 荸荠4个,银耳10克,高汤、枸杞子、冰糖、盐各适量。

做法: ❶将荸荠去皮洗净,切薄片,放清水中浸泡30分钟,取出沥干备用。❷银耳用温水泡开,洗去杂质,用手撕成小块;枸杞子泡软,洗净。❸锅置火上,放入高汤、银耳、冰糖煮30分钟,加入荸荠片、枸杞子和盐,用小火煮10分钟,撇去浮沫。

营养: 不爱吃肉的孕妈妈可从银耳中摄取维生素D,以促进钙的吸收。

南瓜包

原料: 南瓜500克,糯米粉、竹笋各200克,香菇2朵,藕粉、酱油、盐各适量。

做法: ❶南瓜去皮,蒸熟,压成泥;香菇、竹笋洗净,切丁。❷藕粉用热水搅拌均匀,然后和糯米粉、南瓜泥揉成面团。❸香菇丁、竹笋丁放入锅中,加酱油、盐炒香做馅。❹将面团分成若干份,捏成包子皮状,包入适量的馅。❺将南瓜包放入蒸笼,蒸熟即可。

营养: 南瓜含有丰富的维生素A,有利于胎宝宝此阶段眼睛的发育。

孕 5 月（17~20 周）

孕 5 月后，大多数孕妈妈都会感受到胎动，此时孕妈妈体内的基础代谢增加，子宫、乳房、胎盘迅速发育，另外，怀孕后血浆容积及红细胞、血红蛋白的量都会增加，导致身体对铁元素的需要大大增加。这个时期孕妈妈要注意合理饮食，做到既满足自身和胎宝宝对蛋白质、维生素、碳水化合物、钙、铁等营养素的需要，又不会营养过量，体重超额增加。

偏胖的孕妈妈：控制体重依然很重要，限制过油、过甜的食物，本月体重增长不超过 2 千克。

上班族孕妈妈：尽可能在家吃早餐，保证营养全面，如果时间来不及需自带早餐，那么可选择盒装牛奶、全麦面包、坚果、新鲜水果等，既有营养，也方便携带。

偏食的孕妈妈：有些孕妈妈不爱喝牛奶，可以用酸奶或乳酪替代，也可以选择喝点孕妇奶粉。

胎宝宝发育所需营养

这个月开始，胎宝宝的循环系统、尿道开始工作，听力形成，可以听得到孕妈妈的心跳、血流、肠鸣和说话声。胎宝宝身长达到 25 厘米，体重 320 克，眼睛由两侧向中央集中，骨骼开始变硬，会对光线有所反应。

钙

本月是胎宝宝身高生长的关键时期，孕妈妈应适当补钙。钙是胎宝宝骨骼和牙齿发育的必需物质，胎宝宝缺钙易发生骨骼病变、生长迟缓，以及先天性佝偻病等。含钙量高的食物包括奶制品、鱼、虾、蛋黄、海藻、芝麻等。正常情况下，孕妈妈每天所需钙量为 1 000 毫克，孕晚期为 1 200 毫克。

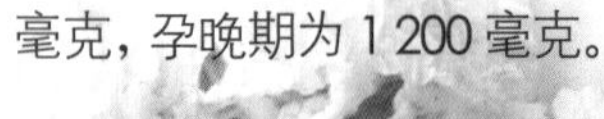

铁

怀孕期间，铁的需求达到孕前的 2 倍：孕早期每天至少 15 毫克，孕中期每天约 20 毫克，孕晚期每天摄入量为 25~35 毫克。富含铁的食物有猪肝、鸭血、鱼肉、鸡肉、牛肉、蛤蜊、海带、木耳、蛋、紫菜、菠菜、芝麻、红枣、山药、大豆等，孕妈妈可适当摄入。

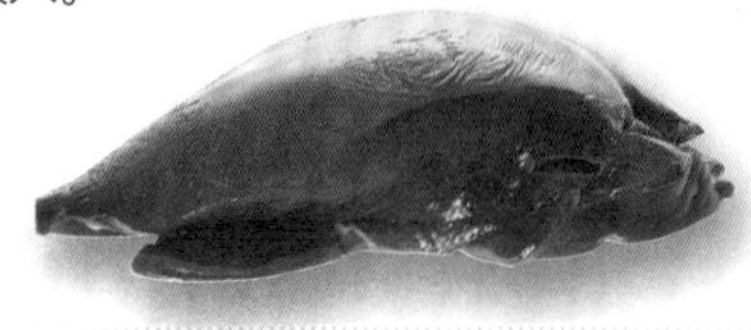

维生素 D

维生素 D 能够促进膳食中钙、磷的吸收和骨骼的钙化，对胎宝宝骨骼发育有利。孕期如果缺乏维生素 D，可导致孕妈妈骨质软化，造成胎宝宝及新生儿的骨骼钙化障碍以及牙齿发育出现缺陷。对于孕妈妈来说，维生素 D 的每天摄入量为 10 微克。另外，照射阳光有助于人体自身合成维生素 D，孕妈妈最好每天有一两个小时的户外活动，经常晒太阳。

硒

随着胎宝宝心脏跳动得越来越有力，孕妈妈每天需要补充 50 微克硒，来保护胎宝宝心血管和大脑的发育。一般来说，2 个鸡蛋能提供 30 微克左右的硒，2 个鸭蛋则能提供 60 微克左右的硒。硒元素存在于很多食物中，比如动物肝脏、海产品、蔬菜、大米、牛奶和奶制品以及各种菌类中都含有丰富的硒元素。

本月必吃补铁食材

孕中期时如果铁摄入不足，不但孕妈妈容易患上缺铁性贫血，引发妊娠并发症，损害胎宝宝的生长发育，还会使胎宝宝出生后也出现缺铁性贫血。因此孕妈妈从孕中期开始就要多吃下面这些富含铁元素的食物。

樱桃

铁是合成人体血红蛋白的原料，在人体免疫、蛋白质合成及能量代谢等过程中，发挥着重要的作用。樱桃含铁量高，常食可满足人体对铁的需求，促进血红蛋白再生，防止缺铁性贫血。

鸭血

动物血通常被制成血豆腐，是最理想的补血佳品之一。鸭血中含铁量较高，而且以血红素铁的形式存在，容易被人体吸收利用，可以防治缺铁性贫血。新鲜的鸭血以色泽红亮、无杂质、质地较硬、带有一点血腥味为佳。

瘦肉

人体对牛、羊、猪、鸡、鱼等瘦肉中的铁吸收率较高，因为瘦肉中铁的存在形式更易于被人的小肠细胞吸收和利用，而且不受食物中其他成分的影响，可谓是孕期补铁的全能手。

牛肉含脂肪少，是偏胖孕妈妈补充营养的上佳选择。

猪肝

猪肝含有丰富的铁、磷，是常见的补血食物，食用猪肝可调节和改善造血系统的生理功能。而且猪肝中蛋白质、卵磷脂和微量元素含量丰富，有利于胎宝宝的生长发育。

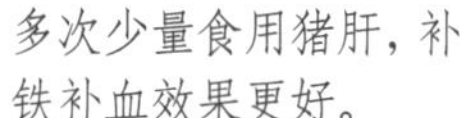

多次少量食用猪肝，补铁补血效果更好。

鸡肝

鸡肝含有丰富的蛋白质、钙、磷、铁、锌、维生素 A、B 族维生素。鸡肝中铁元素很丰富，是补血食品中最常用的食物。在加工鸡肝前，最好先用开水烫一下或在沸水中煮一下，去除表面杂质及血水。

孕5月饮食宜忌

孕妈妈需要将更多的精力放到增加营养上，食物花样要不断变换，还要格外注意营养均衡和搭配。饮食需要丰富多样化，荤素、粗细搭配均匀。另外应注意饮食不可太咸，以防发生妊娠高血压疾病及妊娠水肿。

宜控制外出用餐次数

孕妈妈一定要注意控制外出用餐次数。大部分餐厅提供的食物，都会是多油、多盐、多糖、多味精的菜肴，不太符合孕妈妈进食的要求。如果不得不在外面就餐时，饭前应喝些清淡的汤，减少红色肉类的摄入，用餐时间控制在1个小时之内。

补钙时宜注意搭配

孕妈妈可多吃些含钙丰富的食物，如奶和奶制品、动物肝脏、蛋类、豆类、坚果类、芝麻酱、海产品及一些绿色蔬菜，但要注意饮食搭配，防止钙与某些食品中的植酸、草酸结合，形成不溶性钙盐，以致钙不能被充分吸收利用。含植酸和草酸丰富的食物有菠菜、竹笋等，所以，不要将这些菜与含钙丰富的食物一起烹调。

经常量体重，适当调饮食

从孕4月到孕7月，孕妈妈的体重迅速增长，胎宝宝也在迅速成长。很多孕妈妈的体重都超标了，有的孕妈妈还会出现妊娠高血压疾病、妊娠糖尿病的症状。因此，孕妈妈要经常量体重，发现体重增长过快时，要减少高脂、高糖食物的摄入，主食要注意米、面、杂粮搭配。

宜注意餐次安排

随着胎宝宝的生长，孕妈妈胃部受到挤压，容量减少，应选择体积小、营养价值高的食品，要少食多餐，可将全天所需食品分五六餐进食。可在正餐之间安排加餐，当机体缺乏某种营养时可在加餐中重点补充。热能的分配上，早餐的热能占全天总热能的30%，要吃得好；午餐的热能占全天总热能的40%，要吃得饱；晚餐的热能占全天总热能的30%，要吃得少。

不宜空腹吃西红柿

很多孕妈妈会通过食用西红柿来预防妊娠斑，但是注意不要空腹吃西红柿。西红柿中含丰富的果胶及多种可溶性收敛成分，如果空腹下肚，容易与胃酸起化学反应，生成难以溶解的硬块状物，引起胃肠胀满、疼痛等症状。

不宜只吃精米、精面

许多孕妈妈把精米、精面当成高级食品，在怀孕期间只吃精细加工后的精米、精面，殊不知这样容易导致营养失衡。长期食用精米或出粉率低的面粉，如富强粉，会造成维生素和矿物质的缺乏，尤其是B族维生素的缺乏，影响孕妈妈的身体健康和胎宝宝的生长发育。

孕妈妈多吃些粗粮，无论对母体还是胎宝宝的发育均有益处。建议日常饮食要做到粗细搭配，精米、精面作为调剂生活的食品是可以的，但不要长期过多食用。

不宜吃过冷的食物

夏季孕妈妈感觉身体发热，就特别想吃点凉凉的东西。虽然可以适当吃一点，但如果吃过多过冷的食物，会让腹中的小宝贝躁动不安。这是因为怀孕后孕妈妈的胃肠功能减弱，突然吃很多冷食物，使得胃肠血管突然收缩，而5个月的胎宝宝感官知觉非常灵敏，对冷刺激也十分敏感。过冷的食物还可能使孕妈妈出现腹泻、腹痛等症状。孕妈妈应尝试着平复心情，心静自然凉。

晚餐不宜事项

晚餐不宜过迟，如果晚餐后不久就上床睡觉，不但会加重胃肠道的负担，还会导致孕妈妈难以入睡。

晚餐不宜进食过多，否则会使胃机械性扩大，导致消化不良及胃疼等现象。

在晚餐进食大量蛋、肉、鱼后，而活动量又很小的情况下，多余的营养会转化为脂肪储存起来，使孕妈妈越来越胖。因此，孕妈妈晚餐应少吃一点，选择清淡、易消化的食物为好。

本月营养餐推荐

爱的叮咛：补充维生素 D 有助于补钙

维生素 D 能促进膳食中钙的吸收和骨骼的钙化，孕妈妈可适当食用鱼肝油、鸡蛋、鱼、虾等富含维生素 D 的食物，如果孕妈妈缺乏维生素 D，可能造成胎宝宝骨骼钙化障碍及牙齿发育出现缺陷。因为照射阳光有助于人体自身合成维生素 D，所以孕妈妈每天最好晒晒太阳。

西葫芦饼

原料：西葫芦 250 克，面粉 150 克，鸡蛋 2 个，盐适量。

做法：❶ 鸡蛋打散，加盐调味；西葫芦洗净，擦丝。❷ 将西葫芦丝和面粉放进蛋液里，搅拌均匀成面糊。❸ 锅里放油，将面糊倒进去，煎至两面金黄，切小块盛盘即可。

营养：西葫芦富含碳水化合物、蛋白质，还可清肝强肾。

五彩蒸饺

原料：猪肉末 100 克，紫薯、南瓜各 80 克，芹菜、菠菜各 50 克，葱末、姜末、盐各适量。

做法：❶ 将紫薯、南瓜处理好后蒸熟分别捣成泥；菠菜与芹菜焯水切成末。❷ 面粉添加清水，和成面团。❸ 将紫薯泥、南瓜泥、菠菜水分别与和好的面团混合，制成饺子皮。❹ 猪肉末、芹菜末、盐、葱末、姜末拌匀，做成馅儿。❺ 将饺子皮中放入馅，包成饺子，蒸熟即可。

营养：五彩的颜色能提高食欲，孕妈妈会忍不住大快朵颐。

松仁鸡肉卷

热量:中

原料：鸡肉 100 克，虾仁 50 克，松子仁 20 克，胡萝卜碎、蛋清、盐、料酒、淀粉各适量。

做法：❶ 鸡肉洗净，切成薄片。❷ 虾仁切碎剁成蓉，加胡萝卜碎、盐、料酒、蛋清和淀粉搅匀。❸ 在鸡片上放虾蓉和松子仁，卷成卷儿，大火蒸熟即可。

营养：松子仁和虾仁中的硒，可促进胎宝宝智力发育。孕妈妈食之可减少疾病，增强体质。

早餐搭配推荐

五彩蒸饺(中)+五谷豆浆(低)+苹果(低)

松仁鸡肉卷(中)+凉拌蕨菜(低)+牛奶(低)

玉米面发糕

热量:中

原料: 面粉、玉米面各100克,红枣2颗,酵母粉、白糖各适量。

做法: ❶ 将面粉、玉米面、白糖混合均匀;酵母粉溶于温水后倒入面粉中,揉成均匀的面团。❷ 将面团放入蛋糕模具中,放温暖处饧发至2倍大。❸ 红枣洗净,加水煮10分钟;将煮好的红枣嵌入发好的面团表面,入蒸锅。❹ 开大火,蒸20分钟,立即取出,取下模具,切成块即可。

营养: 玉米对胎宝宝智力、视力发育都有好处。

凉拌蕨菜

热量:低

原料: 蕨菜200克,盐、酱油、醋、蒜末、白糖、香油、薄荷叶各适量。

做法: ❶ 将蕨菜放入开水中烫熟,捞出切段。❷ 加入蒜末、酱油、香油、盐、醋、白糖拌匀,点缀薄荷叶即可。

营养: 蕨菜含有的膳食纤维能促进胃肠蠕动,具有下气、通便的作用。此外孕妈妈吃点蕨菜还能清热降气,增强抵抗力。

五仁大米粥

热量:中

原料: 大米30克,碎核桃仁、碎松子仁、碎花生、葵花子仁、冰糖各适量。

做法: ❶ 大米煮成粥,加入碎核桃仁、碎松子仁、碎花生、葵花子仁。❷ 加入冰糖,煮10分钟即可。

营养: 五仁大米粥中富含硒等矿物质和蛋白质,可补益胎宝宝的大脑。

爱的叮咛：谨防孕期缺铁性贫血

孕期缺铁性贫血是我国孕妈妈的常见病、多发病。从孕中期开始，孕妈妈的血容量迅速增加，而血红蛋白增加相对缓慢，所以孕妈妈容易成为缺铁性贫血的高发人群，为此一定要注意从饮食中摄取铁元素。

醋焖腐竹带鱼

原料：带鱼1条，腐竹3根，老抽、料酒、醋、盐、白糖各适量。

做法：❶ 带鱼去头尾、内脏，切成段，用老抽、料酒腌1小时；腐竹水发后切成段。❷ 炒锅放油，将带鱼段煎至八成熟时捞出。❸ 另起油锅，放入带鱼段，倒入醋、适量凉开水，调入盐、白糖，放入泡好的腐竹段，炖至入味，最后收汁即可。

营养：带鱼含不饱和脂肪酸较多，有益于胎宝宝大脑发育。

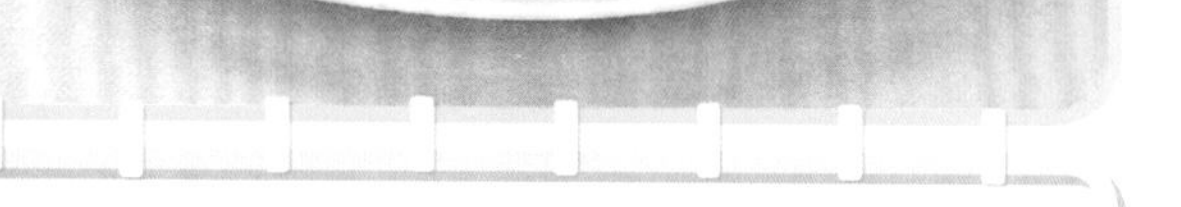

猪肝拌黄瓜

热量:中

原料：猪肝250克，黄瓜50克，香菜末、酱油、醋、香油、盐各适量。

做法：❶ 将猪肝洗净，煮熟，切成薄片；黄瓜洗净，切片。❷ 将黄瓜片摆在盘内垫底，放上猪肝片，再淋上酱油、醋、香油、盐，撒上香菜末，食用时拌匀即可。

营养：猪肝含有优质蛋白质、铁、钙、锌和维生素，可增加血液中的铁含量。

盐水鸡肝

原料：鸡肝100克，香菜末、蒜末、葱末、姜片、盐、料酒、醋、香油各适量。

做法：❶ 鸡肝洗净，放入锅内，加适量清水、姜片、盐、料酒，煮15~20分钟至鸡肝熟透。❷ 取出鸡肝，放凉，切块，加醋、葱末、蒜末、香油、香菜末，拌匀即可。

营养：鸡肝可以补充铁质，而且富含维生素A、维生素B_2，能增强孕妈妈的免疫功能。

午餐搭配推荐

馒头（中）+醋焖腐竹带鱼（中）+猪肝拌黄瓜（中）

虾仁蛋炒饭（中）+东北乱炖（中）+麻酱素什锦（低）

麻酱素什锦

热量：低

原料：白萝卜、圆白菜、黄瓜、生菜、白菜各50克，芝麻酱30克，盐、酱油、醋、白糖各适量。

做法：❶ 将各种蔬菜择洗干净，均切成细丝，用凉开水浸泡，捞出沥干，放入大碗中。❷ 取适量芝麻酱，加凉开水搅开，再加盐、酱油、白醋、糖搅匀，淋在蔬菜上即可。

营养：蔬菜生吃可最大程度保留营养成分，而且清脆爽口，可以增进孕妈妈的食欲。

东北乱炖

原料：猪排150克，茄子、土豆、豆角、西红柿各40克，盐、生抽各适量。

做法：❶ 猪排斩段，汆水沥干；茄子、土豆、西红柿分别洗净，切块；豆角洗净，切段。❷ 猪排段、土豆块入油锅炒匀。❸ 依次倒入茄子块、西红柿块、豆角段翻炒，加水，大火煮沸后，改小火慢炖。❹ 加入盐和生抽，大火收汁。

营养：这道乱炖简单易煮，有荤有素，适合孕妈妈本月滋补之用。

鸡蓉干贝

原料：鸡胸肉100克，干贝20克，鸡蛋、盐各适量。

做法：❶ 鸡胸肉洗净，剁成蓉泥；干贝洗净，放入碗内，加清水，上笼屉蒸1.5小时，取出后压碎。❷ 鸡蓉碗内打入鸡蛋，快速搅拌均匀，加入干贝碎、盐拌匀。❸ 油锅烧热，下入鸡蓉和干贝，用锅铲不断翻炒，待鸡蛋凝结成形时即可。

营养：干贝富含钙和硒，能补充钙质，还能保护这一时期胎宝宝心脏和神经系统的发育。

爱的叮咛：食物种类不宜少于 6 种

孕中期后，胎宝宝对营养的需要增长很快，而且不仅仅只是量的需要，种类的需要也很大，因此孕妈妈每天摄入的食物种类不宜少于 6 种。

三色肝末

原料：猪肝、西红柿各 100 克，胡萝卜半根，洋葱半个，菠菜 20 克，肉汤、盐各适量。
做法：❶ 将猪肝、胡萝卜分别洗净，切碎；洋葱剥去外皮切碎；西红柿切丁；菠菜择洗干净，用开水烫过后切碎。❷ 分别将切碎的猪肝、洋葱、胡萝卜放入锅内并加入肉汤煮熟，再加入西红柿丁、菠菜碎、盐，煮熟即可。
营养：此菜品清香可口，明目功效显著，洋葱可补充硒元素，保护胎宝宝心脑发育。

芝麻茼蒿

原料：茼蒿 200 克，黑芝麻 5 克，香油、盐各适量。
做法：❶ 茼蒿洗净，切段，用开水略焯。❷ 黑芝麻入炒锅炒香。❸ 将黑芝麻撒在茼蒿段上，加香油、盐搅拌均匀即可。
营养：对于还在工作岗位上的孕妈妈来说，茼蒿是非常好的食物。它含有大量的胡萝卜素，对眼睛很有好处，还有养心安神、稳定情绪、降压补脑、缓解记忆力减退的功效，让孕妈妈保持效率，工作生活两不误。

什锦烧豆腐

原料：虾皮 10 克，豆腐 200 克，笋尖 30 克，香菇 6 朵，鸡肉 50 克，料酒、酱油、盐、姜末、葱花各适量。
做法：❶ 豆腐洗净，切块；香菇、笋尖、鸡肉分别洗净，切片。❷ 将姜末、虾皮和香菇片煸炒出香味，放豆腐块和鸡肉片、笋片，加酱油、料酒炒匀，加清水略煮，放盐调味，撒上葱花即可。
营养：豆腐和虾皮含钙量较高，可以为孕妈妈补充钙质，预防和缓解腿抽筋。

晚餐搭配推荐

什锦面(中)+砂锅鱼头(低)+凉拌萝卜丝(低)

玉米面发糕(中)+什锦烧豆腐(中)+芝麻茼蒿(低)

三丁豆腐羹

原料：豆腐200克，鸡胸肉、西红柿、豌豆各50克，盐、香油各适量。
做法：❶ 将豆腐切成块，在开水中煮1分钟。❷ 将鸡胸肉洗净，西红柿洗净、去皮，分别切成小丁。❸ 将豆腐块、鸡肉丁、西红柿丁、豌豆放入锅中，大火煮沸后，转小火煮20分钟。❹ 出锅时加入盐、淋上香油即可。
营养：此羹含丰富的蛋白质、钙和维生素C，有助于胎宝宝骨骼、牙齿和大脑的快速发育。

凉拌萝卜丝

原料：心里美萝卜1个，盐、酱油、醋、白糖、香菜段各适量。
做法：❶ 将心里美萝卜洗净，去皮，放入清水中浸泡30分钟。❷ 取出后切成细丝，放入碗中，调入盐后搅匀，腌制15分钟。❸ 腌制后用手挤出萝卜丝里的水分；然后调入酱油、醋、白糖搅匀，最后撒上香菜段即可。
营养：这道酸辣可口的凉拌小菜能为胎宝宝骨骼的快速生长提供钙质。

砂锅鱼头

原料：鱼头1个，冻豆腐200克，香菇3朵，香菜段、葱丝、姜丝、盐、料酒各适量。
做法：❶ 鱼头洗净，剖成两半，撒盐腌制；香菇、冻豆腐切块。❷ 油锅烧热，放葱丝、姜丝煸炒，放鱼头煎至鱼皮呈金黄色，倒入料酒，加水没过鱼头，放香菇块、冻豆腐块，水开后转小火炖熟；调入盐，撒上香菜段即可。
营养：鱼头中富含鱼油，能帮助胎宝宝感觉神经细胞顺利“入驻”脑部。

爱的叮咛：三餐两点心，吃好不挨饿

胎宝宝对营养的需求变得越来越旺盛了，所以孕妈妈很容易感觉到饿。孕妈妈可以在一日三餐外，增加点水果、粥、牛肉饼等食物作为加餐。

百合莲子桂花饮

热量：低

原料： 鲜百合30克，莲子50克，桂花蜜、冰糖各适量。

做法： ❶ 百合轻轻掰开后用清水洗净，尽量避免用力揉搓；莲子用水浸泡10分钟后捞出。❷ 锅中加适量水，将莲子煮5分钟后捞出，去掉莲子心。❸ 莲子回锅，再次煮开后，加入百合瓣儿，再加入冰糖、桂花蜜至溶化即可。

营养： 此饮品含有维生素B_1、维生素B_2、钙等营养成分，对胎宝宝大脑和皮肤的发育大有裨益。

牛肉饼

热量：高

原料： 牛肉末250克，鸡蛋1个，葱末、姜末、料酒、盐、香油各适量。

做法： ❶ 牛肉末中加入葱末、姜末、料酒、油、盐、香油，搅拌均匀，打入鸡蛋搅匀。❷ 将肉馅摊平呈小饼状，入油锅煎熟或上屉蒸熟。

营养： 牛肉的蛋白质含量较高，孕妈妈常吃牛肉可以促进胎宝宝的生长发育。

五彩玉米羹

热量：低

原料： 玉米粒50克，鸡蛋1个，豌豆、菠萝丁各20克，冰糖、枸杞子、水淀粉各适量。

做法： ❶ 将玉米粒洗净；鸡蛋打散；豌豆、枸杞子均洗净。❷ 将玉米粒放入锅中，加清水煮至熟烂，放入菠萝丁、豌豆、枸杞子、冰糖，煮5分钟，加水淀粉勾芡，使汁变浓。❸ 淋入蛋液，搅拌成蛋花，烧开后即可。

营养： 五彩玉米羹美味营养，孕妈妈可以常吃。

加餐搭配推荐

牛肉饼(高) + 橙黄果蔬汁(低)

南瓜油菜粥(中) + 水果沙拉(低)

银耳樱桃粥

热量:低

原料:银耳10克,樱桃4颗,大米30克,冰糖适量。

做法:❶ 银耳泡软,洗净,撕成片;樱桃洗净;大米洗净。❷ 锅中加适量清水,放入大米熬煮。❸ 待米粒软烂时,加入银耳和冰糖,稍煮,放入樱桃拌匀即可。

营养:樱桃既可防治缺铁性贫血,又可增强体质,健脑益智,非常适合孕妈妈食用。

香蕉哈密瓜沙拉

热量:低

原料:哈密瓜200克,香蕉1根,酸奶100毫升。

做法:❶ 将香蕉去皮,切块待用。❷ 哈密瓜去皮,果肉切成小块待用。❸ 香蕉块与哈密瓜块一起放在盘中,把酸奶倒入盘中,拌匀即可。

营养:哈密瓜中维生素、矿物质含量丰富,孕妈妈常吃可缓解焦躁的情绪。

南瓜油菜粥

热量:中

原料:大米50克,南瓜100克,油菜、盐各适量。

做法:❶ 南瓜去皮,去瓤,洗净切成小丁;油菜洗净,切丝;大米淘洗干净。❷ 锅中放大米、南瓜丁,加适量水熬煮,待粥成时,加入油菜丝,最后加盐调味即可。

营养:南瓜中的硒和类胡萝卜素以及油菜中的钙、铁等营养物质,能促进胎宝宝视觉、骨骼和心脏的发育,减少孕妈妈孕期缺钙、贫血造成的腿部抽筋、头晕失眠等症状。

孕 6 月（21~24 周）

进入孕 6 月，孕妈妈的怀孕之旅已经度过一半了。孕妈妈腹部越来越大，已经是典型的孕妇体形，此时胎宝宝和准爸妈的“互动”也越来越多。这一时期，饮食上孕妈妈不但要适当增加鱼、禽、蛋、肉、奶的量，还要注意这些食物的均衡搭配，另外还应增加食用富含维生素 A 的食物，这既满足胎宝宝眼睛发育所需，还能缓解自己的眼睛不适。

偏胖的孕妈妈：孕期不适合采用节制饮食的方式来控制体重，这会影响营养摄入，可减少过油过甜的食物摄入，并通过运动来辅助控制体重。

患妊娠糖尿病的孕妈妈：饮食规律，营养均衡，多吃全谷物食品、蔬菜水果，但不能无限量地吃水果。补充足量叶酸、限制精制糖摄入。注意餐次分配，少食多餐。

腿抽筋的孕妈妈：孕妈妈注意补充富含钙质的食物，如鱼、蛋、芝麻、豆制品、牛奶等。适当进行户外活动，多进行日光浴，帮助维生素 D 原转化为维生素 D，促进钙的吸收。

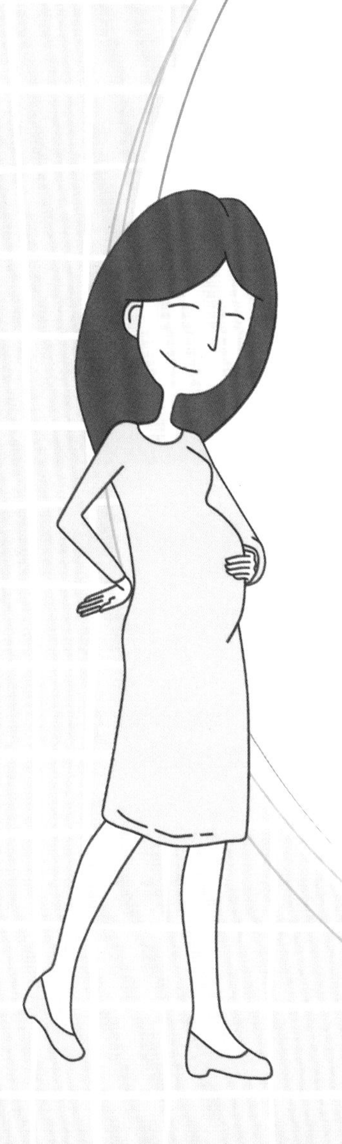

胎宝宝发育所需营养

胎宝宝的体重在不断地增加，覆盖一层胎脂的小家伙滑溜溜的。此外，他的听觉也变得很灵敏，如果他正在睡觉，外面较大的声音会把他吵醒。当他醒着时听到喜欢的声音，也会做出反应。胎宝宝嘴唇已经完全长好了，犬齿和臼齿也已经形成。胎宝宝现在已经是个有模有样的小人儿了，他已经可以听到你的声音了，有时间就和他说说话吧！

随着胎宝宝的个头增大，孕妈妈体内能量及蛋白质代谢加快，对各种营养素的需求量增加。孕妈妈仍要继续关注铁元素的摄入，以防发生缺铁性贫血。此外，孕妈妈还要保证营养均衡全面，限制甜食的摄入，使体重正常增长。

铁

孕中期，胎宝宝血液和组织细胞发育对铁的需求日益增加，而且胎宝宝的肝脏内还需要再储存一部分铁，所以孕妈妈要注意补铁，蛋黄、肉类、动物肝脏、绿色蔬菜、全麦面包、五谷类等就含有丰富的铁，孕妈妈可多补充些。

碳水化合物

碳水化合物可供给热量，尤其葡萄糖是胎宝宝能量的主要来源。因胎宝宝耗用母体葡萄糖较多，孕妈妈需要及时补充。孕中期每天应至少食用 150 克碳水化合物（相当于 200 克的粮食），才能保证孕妈妈及胎宝宝的正常需要。食物中富含碳水化合物的有四大类，即谷物、薯类、水果和糖。

维生素 A

维生素 A 可保持皮肤、骨骼、牙齿、毛发健康生长，还能促进胎宝宝视力和生殖器官的良好发育。

富含维生素 A 的食物大量存在于动物肝脏、鱼肝油、鱼卵、牛奶、禽蛋、芒果以及胡萝卜、菠菜、豌豆苗等黄绿色蔬菜中。

维生素 B_{12}

维生素 B_{12} 是此时期胎宝宝正常生长发育和防治神经脱髓鞘的重要营养素。孕妈妈若缺乏维生素 B_{12}，会导致胎宝宝神经系统损害，无脑儿的产生与此也有一定关系。通常情况下，孕妈妈从肉类等动物性食品中摄取的维生素 B_{12}，足以满足孕期的需要。

维生素 B_{12} 的主要来源是动物性食物，因为植物性食物（除极少数外）都不含维生素 B_{12}。孕妈妈日常饮食可以从牛肝、猪肝、猪肾、牛奶、奶酪等食物中获取维生素 B_{12}。

膳食纤维

从本月开始，孕妈妈摄入足够的膳食纤维，能增强自身的免疫力，保持消化系统的健康，为胎宝宝提供充足的营养。孕妈妈每天摄入膳食纤维还能延缓糖的吸收，降低血糖，预防妊娠糖尿病，建议孕妈妈每天摄入量在20~30 克为宜。

膳食纤维在蔬菜水果、五谷杂粮、豆类及菌藻类食物中含量丰富。孕妈妈可以多吃一些全麦面包、麦麸饼干、红薯、菠萝片等。此外，根菜类和海藻类的膳食纤维也较多，如牛蒡、胡萝卜、四季豆、红豆、豌豆、薯类和裙带菜等。

水

孕妈妈每天都不能忽视对水的补充。只有水分充足，才能加速各种营养物质在体内的吸收和运转，更好地把营养输送给胎宝宝。孕妈妈每天的饮水量为 1 200 毫升，即每天 6~8 杯水。如果饮食中有汤粥等，饮水量可相应减少。

维生素 C

维生素 C 又称抗坏血酸，可促进胎宝宝的生长，还可提高孕妈妈的抵抗力，孕妈妈不生病，自然胎宝宝会发育更好。

一般水果和蔬菜都富含维生素 C，如油菜、芹菜、香椿、苦瓜、菜花、莲藕、柚子、橙子、草莓、猕猴桃、石榴等。

本月必吃防便秘食材

怀孕后，孕妈妈体内分泌大量的孕激素，引起胃肠道肌张力减弱、肠蠕动减慢。而且随着不断增大的子宫压迫胃肠道，胃肠道特别是直肠受到的机械性压力越来越明显，孕妈妈就很容易被便秘所困扰，发生便秘现象后，孕妈妈要注意调节饮食，多吃一些润肠通便的食物，如各种粗粮、蔬菜、香蕉、蜂蜜等；也应该注意适当运动，促进肠蠕动，不要自己随便服用泻药。

莴笋

莴笋含有大量植物性膳食纤维，能促进肠壁蠕动，通利消化道，帮助大便排泄，可用于治疗孕期便秘。莴笋还含有多种维生素和矿物质，能促进胎宝宝的健康发育，其富含人体可吸收的铁元素，对于孕妈妈预防贫血十分有利。

凉拌莴笋清脆爽口，还能维护肠道健康。

红薯

红薯中所含的膳食纤维，对肠道蠕动和防止便秘非常有益，还可以延缓餐后血糖的升高。红薯缺少蛋白质，因此要搭配蛋白质食物一起吃，才不会营养失衡。食用红薯应注意不要空腹。腹泻的孕妈妈及患有妊娠糖尿病的孕妈妈不宜食用。

香蕉

孕期便秘是孕妈妈最为头疼的事情，此时不能乱用药物，除了适当运动外，多喝水、多吃些富含膳食纤维的食物可以缓解便秘。为了预防便秘情况的发生，可每天吃 1 根香蕉，起到刺激胃肠蠕动、帮助排便的作用。体质偏热的孕妈妈可每天吃 1 根香蕉，体质偏寒的孕妈妈可以将香蕉果肉煮熟后食用。

芋头

芋头富含营养，是一种很好的碱性食物。它有保护消化系统，增强免疫功能的作用。孕妈妈常吃芋头，可以促进肠胃蠕动，帮助母体吸收和消化蛋白质等营养物质，还能清除血管壁上的脂肪沉淀物，对孕期便秘、肥胖等都有很好的食疗作用。

草莓

草莓营养丰富，含有多种人体所必需的维生素和矿物质、蛋白质、有机酸、果胶等营养物质，其中的胡萝卜素有明目养肝的功效。最主要的是其所含果胶和膳食纤维可以助消化、通大便，对胃肠不适有滋补调理作用。

芹菜

芹菜富含B族维生素及多种矿物质，具有低脂肪、低糖、高膳食纤维的特点，能促进肠道蠕动，有帮助消化、消除积食、防止便秘的功效。因为芹菜有降血压的功效，所以血压低的孕妈妈要少吃。

圆白菜

圆白菜营养丰富，富含维生素、叶酸和膳食纤维，具有抗氧化、防衰老的功能，多吃可促进消化、预防便秘，提高人体免疫力。烹饪圆白菜时尽量大火快炒，以免长时间烹饪使营养物质流失。

酸奶

酸奶含有新鲜牛奶的全部营养，其中的乳酸、醋酸等有机酸，能刺激胃液分泌，抑制有害菌生长，清理肠道。但要注意，不要空腹喝酸奶，容易刺激肠胃，而且不利于营养的吸收。

肠胃功能弱的孕妈妈应将酸奶放至常温后再喝。

孕6月饮食宜忌

本月孕妈妈对食物的选择仍要注意，限制一些不利于健康的食物。应少吃或不吃辛辣食物，不长期食用高脂肪、高蛋白的食物。同时，也不要因身体的臃肿而节食。

宜为胎宝宝储备营养

胎宝宝的生长发育明显加快，孕妈妈也开始进行蛋白质、脂肪、钙等营养素的储备。

同时，这个时期胎宝宝要从孕妈妈身体里吸收铁质来制造血液中的红细胞，如果铁摄入不足，还会导致孕妈妈贫血。所以为预防缺铁性贫血的发生，孕妈妈也应该多吃富含铁质的食物。

宜喝酸奶

益生菌是有益于孕妈妈身体健康的一种肠道细菌，而酸奶的特点就是含有丰富的益生菌。在酸奶的制作过程中，发酵能使奶质中的糖、蛋白质、脂肪被分解成为小分子，提高了营养素的利用率。

宜用多种方法缓解胀气

孕妈妈应多吃蔬菜、水果和适量粗粮，可促进肠胃蠕动；适当运动，补充足量水分，养成每天排便的习惯；避免食用油炸食物、汽水、泡面等易产生胀气的食物；从右下腹开始，以轻柔力道做顺时针方向按摩，每次10~20圈，一天两三次，可帮助舒缓腹胀感。

保持饮食多样化

孕妈妈的饮食要多样化，多吃海带、芝麻、豆腐等含钙丰富的食物，避免出现腿抽筋的情况。另外，每天喝1杯牛奶也是必不可少的。蔬菜和水果中所含的维生素可维持牙龈健康，预防牙龈出血，清除口腔中过多的黏膜分泌物及废物。因此要多吃蔬菜水果，如橘子、梨、番石榴、草莓等。

不宜营养过剩

有些孕妈妈吃得多，锻炼少，认为这样有利于胎宝宝发育。但是这样易使胎宝宝过大，不利于分娩。如果营养过剩，易导致孕妈妈血压偏高和胎宝宝长成巨大儿。如果孕妈妈过胖，易造成产后哺乳困难，不能及时给宝宝喂奶，乳腺管易堵塞，引起急性乳腺炎。因此，在孕期中时时刻刻都要注意预防营养过剩，其方法在于饮食内容注重粗细搭配，分餐进食，细嚼慢咽，每天吃四五餐，每次食量要适度。同时，在身体允许的情况下，多进行有氧保健运动。

不宜吃饭太快

食物未经充分咀嚼，进入胃肠道之后，与消化液的接触面积就会缩小。食物与消化液不能充分混合，就会影响人体对食物的消化、吸收，使食物中的大量营养不能被人体所用就排出体外。久而久之，孕妈妈就得不到足够多的营养，会形成营养不良，健康势必受到影响。

有些食物咀嚼不够，过于粗糙，还会加大胃的消化负担或损伤消化道。所以，孕妈妈为了自己和胎宝宝的健康考虑，要改掉吃饭时狼吞虎咽的坏习惯，做到细细嚼、慢慢咽，让每一种营养都能够充分地为身体所用。

不宜喝长时间熬制的骨汤

不少孕妈妈爱喝骨头汤，而且认为骨头汤熬制的时间越长越好，这样不但味道更佳，对滋补身体也更为有效。其实这是错误的观念。动物骨骼中所含的钙质是不易分解的，即使经过高温烹煮，也不能将骨骼内的钙质溶化，反而会破坏骨头中的蛋白质。因此，熬骨头汤的时间过长，不但没有益处，反而有害。

不宜过量吃鱼肝油

鱼肝油富含维生素D，可以强壮骨骼，并预防、治疗佝偻病，对胎宝宝的骨骼发育有诸多好处。但是鱼肝油切勿滥用，国外研究表明，滥用鱼肝油的孕妈妈，产下畸形儿的概率较高。

其次，孕妈妈体内维生素D含量过多，会引起胎宝宝主动脉的硬化，对其智力发育造成不良影响，还会导致肾损伤及骨骼发育异常，使胎宝宝出现牙滤泡移位，出生不久就有可能萌出牙齿，导致宝宝早熟。

所以孕妈妈不宜过量服用鱼肝油，可经常到户外晒晒太阳，在紫外线的照射下，自身制造的维生素D就可以保证胎宝宝的正常发育，而且健康又自然。

一般骨汤熬制2小时就可以了。

本月营养餐推荐

爱的叮咛：不宜用开水冲调营养品

有些孕妈妈在服用孕妇奶粉、复合维生素和葡萄糖等营养品时，常常用刚煮好的开水冲调，这样其实是不对的。因为滋补饮品加温至60~80℃时，其中大部分的营养成分就会发生分解变化，如果用刚刚烧开的水冲调，会因温度高而大大降低其营养价值，所以一定要根据营养品说明上提示的水温进行冲调。

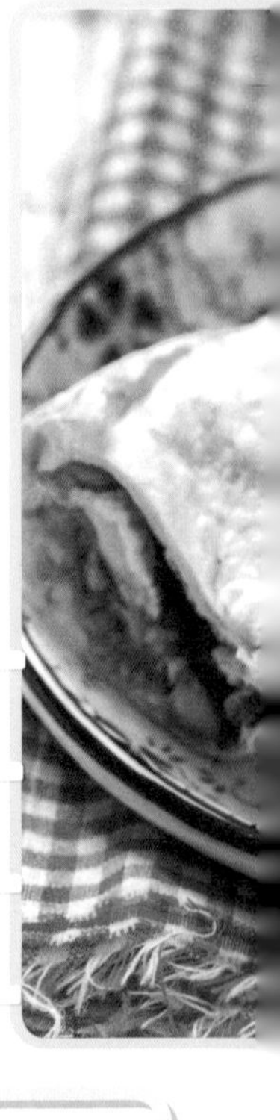

老北京鸡肉卷

原料： 面团100克，鸡肉条80克，胡萝卜丝、黄瓜条、生菜各40克，葱丝、蚝油、生抽、老抽、料酒、甜面酱各适量。
做法： ❶ 鸡肉条用蚝油、生抽、老抽、料酒腌制20分钟；生菜洗净。❷ 油锅烧热，放入腌好的鸡肉条，炒熟盛出。❸ 将面团擀成薄面皮，烙熟。❹ 饼上摆生菜、鸡肉条、胡萝卜丝、黄瓜条、葱丝、甜面酱，卷起。
营养： 鸡肉富含蛋白质，对胎宝宝各个器官的发育均有好处。

烤鱼青菜饭团

原料： 米饭100克，熟鳗鱼肉（鳗鱼肉用微波炉烤脆而成）150克，青菜叶50克，盐适量。
做法： ❶ 将熟鳗鱼肉用盐抹匀，切末；青菜叶洗净切丝。❷ 青菜丝、熟鳗鱼肉末拌入米饭中。❸ 取适量米饭，根据喜好捏成各种形状的饭团。❹ 平底锅放适量油烧热，将捏好的饭团稍煎即可。
营养： 烤鱼青菜饭团富含蛋白质、脂肪、钙、磷等营养素，是孕妈妈的美味佳肴。

紫薯银耳松子粥

原料： 紫薯50克，大米30克，松子仁5克，银耳20克，蜂蜜适量。
做法： ❶ 用温水泡发银耳，撕小朵；将紫薯去皮，切成小方丁。❷ 锅中加水，将淘洗好的大米放入其中，大火烧开后，放入紫薯丁，再烧开后改小火。❸ 往锅中放入泡发的银耳。❹ 待大米开花时，撒入松子仁。❺ 放温后调入蜂蜜即可。
营养： 此粥具有润肠通便的功效，能帮助孕妈妈预防便秘。

早餐搭配推荐

老北京鸡肉卷(中)+牛奶梨片粥(中)

烤鱼青菜饭团(中)+西红柿蛋汤(中)+拌海带丝(低)

花生排骨粥

热量:中

原料:大米50克,排骨200克,花生20克,盐、香油、香菜末各适量。

做法:❶ 大米洗净,泡2小时;排骨斩块,汆水沥干。❷ 汤锅置于火上,放足量的水,放入大米、排骨块、花生,大火烧开后改用小火煮1小时。❸ 煮至米烂成粥,排骨酥软,加入盐,搅拌均匀。❹ 食用时淋上香油,撒上香菜末即可。

营养:排骨能提供充足的能量,与花生同煮,还能促进蛋白质的吸收。

椰味红薯粥

热量:低

原料:大米100克,红薯1个,花生50克,椰子1个,白糖适量。

做法:❶ 大米洗净;红薯洗净、去皮、切块。❷ 先将花生泡透,然后放入清水煮熟;大米与红薯块一同放入锅中,煮至熟透。❸ 椰子倒出椰汁,取椰肉,切成丝;把椰子丝、椰奶汁与熟花生一起倒入红薯粥里,放适量白糖搅拌均匀。

营养:红薯含有丰富的膳食纤维,可促进肠道蠕动。

牛奶梨片粥

热量:中

原料:大米20克,牛奶250毫升,鸡蛋1个,梨1个,柠檬、白糖各适量。

做法:❶ 梨去皮、去核,切厚片,加白糖蒸15分钟。❷ 柠檬取汁,淋在梨片上。❸ 将牛奶烧沸,放入大米和适量水熬煮成稠粥,打入鸡蛋搅散,熟后放梨片即可。

营养:此粥不仅营养丰富,还可以补气血、润肠通便,能帮助孕妈妈预防便秘,提升孕妈妈身体的免疫力。

爱的叮咛：职场孕妈妈要吃好午餐

在工作岗位的孕妈妈要重视午餐，不要随便将就。对待工作餐要“挑三拣四”，避免吃对胎宝宝不利的食物。口味的要求可以降低，但营养要求不能降低，一顿饭里要主食、鱼、肉、蔬菜都有，尽量做到种类丰富。

牛腩炖藕

热量：中

原料：牛腩150克，莲藕100克，红豆30克，姜片、盐各适量。

做法：❶ 牛腩洗净，切大块，汆烫，过冷水，洗净沥干；莲藕去皮洗净，切成块。❷ 将牛腩块、莲藕块、姜片、红豆放入锅中，加适量水，大火煮沸，转小火慢煲2小时，出锅前加盐调味。

营养：莲藕含有较为丰富的碳水化合物，又富含维生素C和胡萝卜素，对于补充维生素十分有益。

彩椒炒腐竹

热量：低

原料：黄椒、红椒各20克，腐竹2根，葱末、盐、水淀粉各适量。

做法：❶ 黄椒、红椒洗净，切片；腐竹泡发切成段。❷ 油锅烧热，放入葱末煸香，再放入黄椒片、红椒片、腐竹段翻炒。❸ 放入水淀粉勾芡，加盐调味。

营养：腐竹含钙丰富，黄椒和红椒富含的维生素则能促进钙的吸收，此菜对胎宝宝乳牙牙胚的发育有好处。

香菇炖乳鸽

热量：中

原料：乳鸽1只，香菇2朵，木耳10克，山药50克，红枣4颗，枸杞子、姜片、盐各适量。

做法：❶ 香菇洗净，切花刀；木耳泡发后洗净，掰小朵；山药削皮，切块。❷ 乳鸽入沸水中汆去血水。❸ 砂锅放水烧开，放入姜片、红枣、香菇、乳鸽，小火炖1小时；放入枸杞子、木耳、山药块，炖20分钟，加盐调味。

营养：香菇炖乳鸽对孕妈妈来说是很好的滋补品。

午餐搭配推荐

米饭(中)+牛腩炖藕(中)+蔬果沙拉(低)

西红柿鸡蛋面(中)+芝麻圆白菜(低)

鹌鹑蛋烧肉

热量:中

原料: 鹌鹑蛋15个,猪瘦肉200克,酱油、白糖、盐各适量。

做法: ❶ 猪瘦肉汆水后洗净,切块;鹌鹑蛋煮熟剥壳,入油锅中炸至金黄,捞出。❷ 再起油锅将肉炒至变色,加酱油、白糖、盐调味,加清水,待汤汁烧至一半时,加入鹌鹑蛋,大火收汁。

营养: 鹌鹑蛋中含有丰富的卵磷脂;瘦肉含铁,此菜具有健脑和补血的功效。

芝麻圆白菜

热量:低

原料: 圆白菜200克,黑芝麻10克,盐适量。

做法: ❶ 用小火将黑芝麻不断翻炒,炒出香味时出锅;圆白菜洗净,切粗丝。❷ 油锅烧热,放入圆白菜,翻炒几下,加盐调味,炒至圆白菜熟透发软,撒上黑芝麻即可。

营养: 圆白菜富含叶酸和膳食纤维,芝麻含有丰富的蛋白质、碳水化合物和维生素E、维生素B_1等,孕期可常吃。

鸡肝枸杞汤

热量:中

原料: 鸡肝100克,菠菜50克,竹笋2根,枸杞子5克,高汤、料酒、盐、藕粉各适量。

做法: ❶ 竹笋洗净、切片;菠菜择洗干净,焯水,切段;鸡肝洗净,切片。❷ 在高汤内加入枸杞子、鸡肝片和笋片同煮。❸ 将熟时加藕粉使之成胶黏状,并加适量盐和料酒,最后加入菠菜段即可。

营养: 鸡肝和枸杞子可以很好地为孕妈妈补血,以备胎宝宝发育所需。

爱的叮咛：夜宵尽量少吃

有些孕妈妈为了补充营养，喜欢吃夜宵，其实吃夜宵不仅会影响睡眠质量，还会导致肥胖，增加产后恢复难度。如果孕妈妈晚上觉得饿，可以吃点坚果和酸奶等，但如果没有饥饿感，孕妈妈就尽量不要吃夜宵了。

菠萝虾仁烩饭

热量：中

原料：虾仁 100 克，豌豆 50 克，米饭 200 克，菠萝半个，蒜末、盐、香油各适量。

做法：❶ 虾仁洗净；菠萝取果肉切小丁；豌豆洗净，入沸水焯烫。❷ 油锅烧热，爆香蒜末，加入虾仁炒至八成熟，加豌豆、米饭、菠萝丁快炒至饭粒散开，加盐、香油调味。

营养：开胃又营养，孕妈妈通过吃这道菠萝虾仁烩饭可获得充足的维生素和能量。

芥菜干贝汤

热量：低

原料：芥菜 250 克，干贝 30 克，高汤、香油、盐、葱末、姜末、蒜末各适量。

做法：❶ 将芥菜洗净切段；用温水将干贝浸泡，再用清水煮软后捞出。❷ 锅中加高汤，放入芥菜段、干贝肉、葱末、姜末、蒜末，稍煮入味，最后放入香油、盐调味即可。

营养：此汤具有开胃消积、生津降压的功效，可增强孕妈妈的食欲。

双鲜拌金针菇

热量：中

原料：金针菇、鲜鱿鱼、熟鸡胸肉各 100 克，姜片、盐、高汤、芝麻油各适量。

做法：❶ 金针菇洗净，去根，入沸水锅中焯熟后捞出，盛碗内。❷ 将鲜鱿鱼去净外膜，切成细丝，与姜片一并下沸水锅汆熟，捞起，拣去姜片，放入金针菇碗内。❸ 将熟鸡胸肉切成细丝，下沸水锅汆热，捞出后沥去水，也放入金针菇碗内。❹ 往碗中加高汤、盐、芝麻油拌匀，装盘即成。

营养：金针菇有低热量、高蛋白、低脂肪、多糖、多维生素的特点，还有促进胎宝宝智力发育的作用。

晚餐搭配推荐

菠萝虾仁烩饭(中)+芦笋西红柿(低)+芥菜干贝汤(低)

蔬菜虾饺(中)+双鲜拌金针菇(中)+酸奶(低)

芦笋西红柿

热量:低

原料: 芦笋、西红柿各150克,盐、香油、葱末、姜片各适量。

做法: ❶ 西红柿洗净,切块;芦笋去硬皮、洗净,放入锅中焯10分钟后捞出,斜切成小段。❷ 油锅烧热,煸香葱末和姜片,放入芦笋段、西红柿块一起翻炒。❸ 翻炒至八成熟时,加盐、香油,翻炒均匀即可出锅。

营养: 此菜富含维生素C,能促进胎宝宝对铁的吸收,还能让胎宝宝皱巴巴的皮肤变细腻。

腰果炒芹菜

原料: 芹菜200克,红椒20克,腰果40克,盐、白糖各适量。

做法: ❶ 芹菜洗净,切段;红椒洗净,切片。❷ 锅内放油,开小火马上放入腰果炸至酥脆捞起放凉。❸ 将油倒出一半,烧热后放入红椒片及芹菜段,大火翻炒。❹ 放入盐、白糖,大火翻炒后盛出,撒上腰果。

营养: 孕妈妈适当摄入一些坚果,有利于胎宝宝大脑的发育。芹菜补铁又富含膳食纤维。

橄榄菜炒四季豆

原料: 四季豆400克,橄榄菜50克,葱花、盐、香油各适量。

做法: ❶ 将四季豆洗净,切段;橄榄菜切碎。❷ 油锅烧热,爆香葱花,下入四季豆和橄榄菜碎翻炒。❸ 快要炒熟时,用盐、香油调味即可。

营养: 四季豆富含膳食纤维,可促进孕妈妈肠胃蠕动,起到清胃涤肠的作用。此菜很适合便秘的孕妈妈食用。

爱的叮咛：重视加餐和零食

为配合胎宝宝的生长发育，孕妈妈要重视加餐和零食的作用，麦芽团子、小米粥、花生、葵花子都是很好的选择，可以换着吃，满足口味变化的需要。

糯米麦芽团子

热量:中

原料：糯米粉、小麦芽各 100 克，黄瓜片适量。

做法：❶ 将小麦芽洗净，晾干，然后磨成粉。❷ 将糯米粉、小麦芽粉加水和成面团，捏成大小适宜的团子，蒸熟装盘，摆上黄瓜片装饰即可。

营养：小麦芽富含维生素 E、亚油酸、亚麻酸等营养素，对促进胎宝宝生长发育十分有益。

小米鸡蛋粥

热量:中

原料：小米 50 克，鸡蛋 2 个，红糖适量。

做法：❶将小米淘洗干净；鸡蛋打散。❷将小米放入锅中，加适量清水，大火煮开，转小火煮至将熟，淋入蛋液，调入红糖，稍煮即可。

营养：小米的营养价值很高，含有蛋白质、脂肪及维生素等营养素，可温补脾胃，保证孕妈妈在孕期有个好胃口，也保证了胎宝宝的营养需求。

蜜烧双薯丁

热量:高

原料：红薯 1 个，紫薯 100 克，冰糖、熟芝麻、淀粉各适量。

做法：❶ 红薯、紫薯分别洗净去皮，切厚片，裹上淀粉。❷ 油锅烧热，放红薯片、紫薯片慢煎至焦黄盛出。❸ 锅洗净，放入冰糖，并加入一点水，煮至冰糖溶化冒泡，糖色开始变黄后，转小火，并倒入煎好的红薯片和紫薯片，晃动锅，使糖汁裹匀，撒上熟芝麻即可。

营养：此菜富含膳食纤维，可保持孕妈妈消化系统的健康，为胎宝宝提供充足的营养。

豆浆莴笋汤

热量：低

原料：莴笋100克，豆浆300毫升，蒜末、盐各适量。

做法：❶莴笋洗净去皮，切成条。❷油锅烧热，放蒜末、莴笋条、盐，大火炒至断生。❸倒入豆浆，大火煮5分钟即可。

营养：莴笋含有丰富的铁、锌，其中的铁很容易被人体吸收。孕妈妈常吃新鲜莴笋，可以防治缺铁性贫血。

桑葚汁

热量：低

原料：桑葚100克，冰糖适量。

做法：❶桑葚洗净后放入锅中，倒入3倍的水，大火煮开后转中小火；煮的过程中，用勺子或铲子碾碎果肉。❷根据个人口味，加几块冰糖同煮5~10分钟。

营养：桑葚汁色泽红艳，酸甜可口，消食开胃，增进食欲，可帮助孕妈妈和胎宝宝摄入更多的营养素并顺利消化、吸收。

荠菜黄鱼卷

热量：低

原料：荠菜25克，油豆皮50克，黄鱼肉100克，干淀粉、料酒、盐、蛋清各适量。

做法：❶荠菜择洗干净，切末；用部分蛋清与干淀粉调成稀糊备用。❷黄鱼肉切细丝，同荠菜末、剩下的蛋清、料酒、盐混合成肉馅。❸将馅料包于油豆皮中，卷成长卷，抹上稀糊，切小段，放入油锅中煎熟即成。

营养：这道菜富含蛋白质、维生素和膳食纤维，是孕妈妈的滋补佳肴。

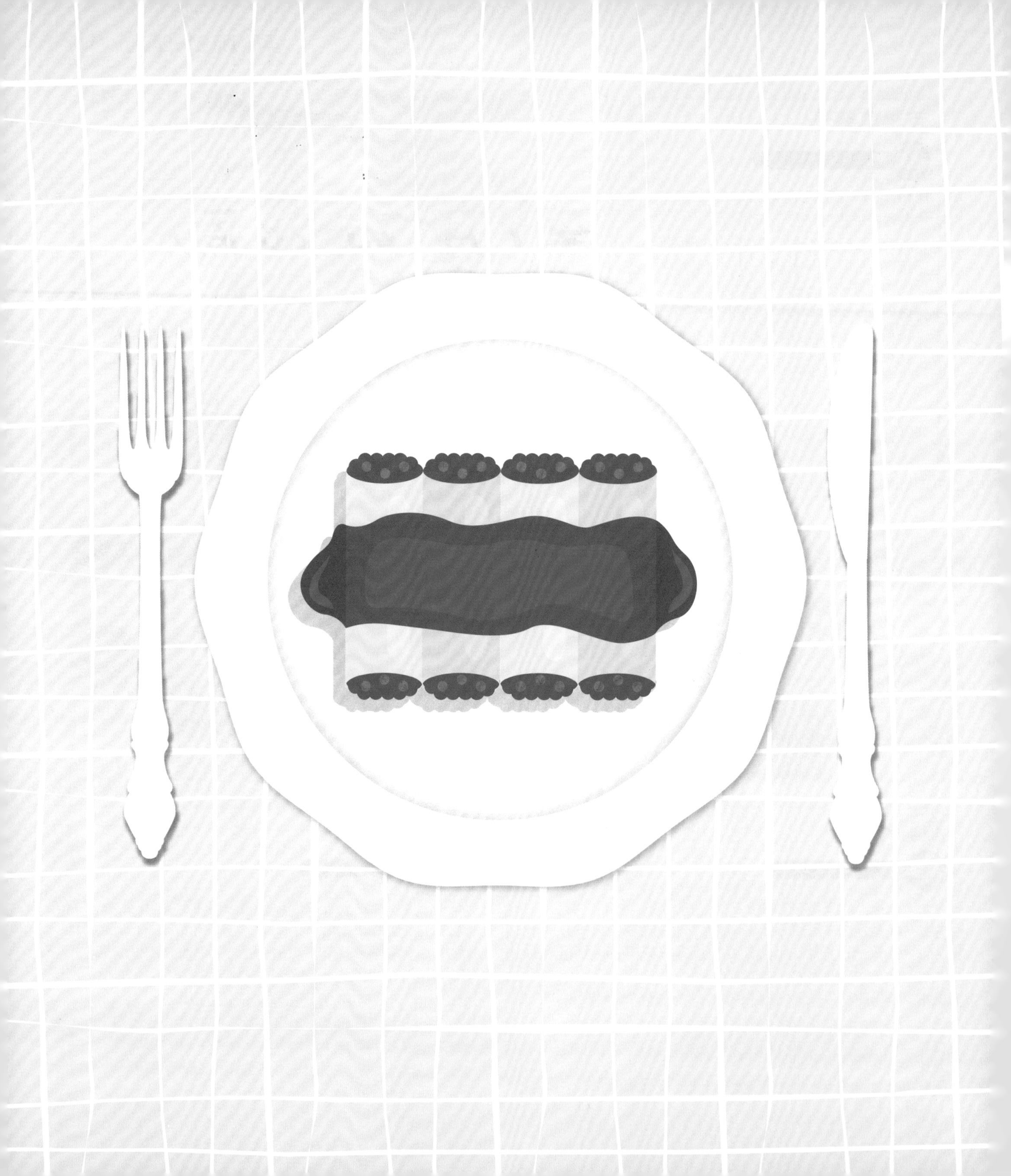

孕 7 月（25~28 周）

现在进入孕 7 月了，孕妈妈的肚子更大了，圆圆的像皮球，孕妈妈可以去拍个孕妇照，一来给自己留个美好的回忆，二来当胎宝宝长大懂事后，还可以作为一份特殊的礼物送给他。此时越来越多的孕妈妈容易出现水肿的症状，对此孕妈妈要注意调整饮食，保证适量摄入优质蛋白质和低盐的饮食习惯，同时要注意休息。

双胞胎孕妈妈：双胞胎孕妈妈要注意加强营养，特别要注意预防贫血的发生，在饮食中多吃些富含铁的食物，也可以在医生的指导下服用补铁制剂。

患妊娠高血压疾病的孕妈妈：不要吃太咸、太油腻的食物，注意补充钙和维生素，多吃新鲜蔬菜和水果，适量进食鱼、肉、蛋、奶等高蛋白、高钙、高钾及低钠食物。

阴道易感染的孕妈妈：预防和减少阴道感染，孕妈妈除了经常清洗阴道外，还可以多喝水、果汁、酸奶，增加排尿，能够起到预防阴道和尿道感染的作用。

胎宝宝发育所需营养

这个月，胎宝宝的身长会达到35~38 厘米，体重约为1 000 克，全身覆盖着一层细细的绒毛，身体开始充满整个子宫。胎宝宝的大脑细胞迅速增殖分化，舌头上的味蕾、眼睫毛这些小细节也在不断形成，还能够感觉到孕妈妈腹壁外的明暗变化。

B 族维生素

本月胎宝宝的神经系统、大脑、骨骼及各器官的生长发育都需要B 族维生素的参与。B 族维生素能够缓解孕妈妈的紧张情绪，促进胎宝宝生长发育。

维生素 B_1 的食物来源：小麦粉、燕麦、大豆、小米、花生、猪瘦肉、羊肉、牛奶等。

维生素 B_2 的食物来源：奶类及其制品、动物肝脏与肾脏、蛋黄、茄子、鱼、芹菜、柑橘、橙子等。

维生素 B_6 的食物来源：小麦麸、麦芽、动物肝脏与肾脏、大豆、糙米、蛋、燕麦、花生等。

维生素 B_{12} 的食物来源：动物肝脏与肾脏、牛肉、猪肉、鸡肉、鱼类、蛤蜊、蛋类、牛奶、乳制品等。

蛋白质

孕7 月，胎宝宝对蛋白质的需求量跟以前一样，每天摄入75~95 克即可满足需要。此外，水肿的孕妈妈，特别是营养不良引起水肿的孕妈妈，更要注意优质蛋白质的摄入，可以适当多摄入些鱼、肉、奶酪、蛋、豆类等。

脂肪

脂肪有益于本月胎宝宝的中枢神经系统发育和维持细胞膜的完整。膳食中如果缺少脂肪，可导致胎宝宝体重过轻，并影响大脑和神经系统发育。孕妈妈本月每天的脂肪摄入量为60 克。孕妈妈可从以下食物中摄入脂肪：各种油类如花生油、豆油、菜子油、麻油等；肉类如牛肉、羊肉、猪肉、鸡肉等；蛋类如鸡蛋、鸭蛋等；坚果类如花生、核桃、芝麻等。

吃核桃能乌发润肌。

本月必吃消水肿食材

不少孕妈妈进入孕中后期都会遇到水肿问题，对此一定要注意调整饮食。首先要注意盐的摄取量，低盐饮食有益于身体对于水分的调节，可缓解水肿。每天摄入的盐量不能超过 6 克。其次补脾利尿的食物可以有效地将身体中的多余水分及时排出体外，避免水肿。因此孕妈妈可以多吃点具有利尿功效的食物。

豆浆

豆浆富含植物蛋白和磷脂，还含有维生素 B_1、维生素 B_2。用淡豆浆数杯代水饮，持续数天，有利于消退孕期水肿，特别适宜于低蛋白血症或是有妊娠高血压疾病的孕妈妈。

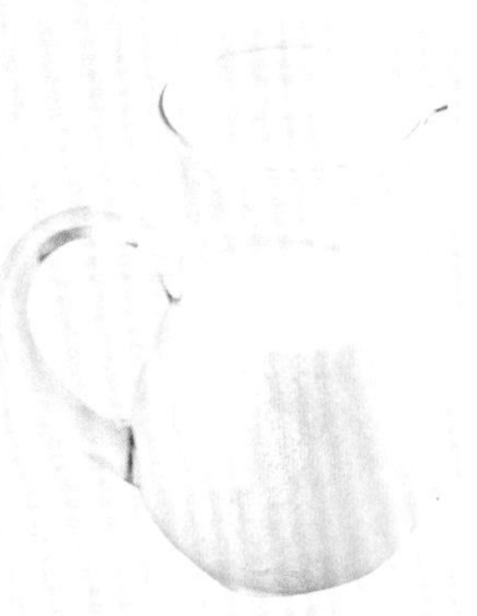

黄瓜

黄瓜含有人体必需的多种维生素和微量元素，可以提高机体抵抗力，促进新陈代谢，还有解毒利尿等作用。黄瓜是孕妈妈减轻水肿的好帮手。《本草纲目》中记载，黄瓜有清热、解渴、利水、消肿之功效。在医学家排列的黄瓜汁医用价值表上，利尿功效名列前茅。

冬瓜

冬瓜中含维生素 C 较多，且钾盐含量高，钠含量较低，孕妈妈常食，能起到清热利尿、消水肿的作用。冬瓜煮熟软后吃，更入味，口感更好。特别与猪肉搭配食用，做冬瓜丸子汤，既能补蛋白质、矿物质，还可预防便秘。

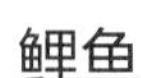

红豆

红豆有利尿、消除水肿、强心、解毒的功效，孕妈妈可以喝红豆汤，对减少孕期水肿、维护心脏健康和排出毒素是很有好处的。孕妈妈用黑芝麻和玉米粒、红豆一起熬粥，有补中健胃、除湿利尿的功效，妊娠糖尿病兼有水肿的孕妈妈食用最佳。

鲤鱼

鲤鱼有利水消肿、下气、通乳、安胎的作用，鲤鱼对孕期水肿有很好的食疗效果。鲤鱼中的蛋白质不但含量高，而且质量佳，人体消化吸收率非常高，孕期可经常吃点鲤鱼。

孕 7 月饮食宜忌

由于胎宝宝日渐增大，孕妈妈的心脏负担逐渐加重，孕妈妈会很容易感到疲劳，在活动时容易气喘吁吁，而且妊娠斑、抽筋、水肿、便秘、妊娠高血压疾病等这些麻烦可能会不断地烦扰孕妈妈。针对这些情况，孕妈妈一定要注意饮食上的调养。

宜常吃鸭肉

鸭肉性平而不热，脂肪高而不腻，富含蛋白质、脂肪、铁、钾等多种营养素，有清凉止血、祛病健身的功效。鸭肉的脂肪不同于黄油或猪油，其化学成分近似橄榄油，有降低胆固醇的作用，对防治妊娠高血压疾病非常有帮助。

消斑宜吃的几种食物

各类新鲜水果、蔬菜中含有丰富的维生素 C，具有消褪色素的作用，如柠檬、猕猴桃、西红柿、土豆、圆白菜、菜花、冬瓜、丝瓜。牛奶有改善皮肤细胞活性、增强皮肤张力、刺激皮肤新陈代谢、保持皮肤润泽细嫩的作用。谷皮中的维生素 E，能有效抑制过氧化脂质产生，从而起到干扰黑色素沉着的作用。适量吃些糙米，补充营养的同时又能预防斑点的生成。

多吃蔬菜水果，可美容养颜。

宜适量增加植物油的摄入

本月胎宝宝机体和大脑发育速度加快，对脂质及必需脂肪酸的需求增加。因此，孕妈妈可适当增加烹调所用植物油，如豆油、花生油、菜子油等。孕妈妈还可吃些花生、核桃、葵花子、芝麻等油脂含量较高的食物，但每周体重的增加要控制在不超过 500 克为宜。

宜吃含钙食品防抽筋

引起孕妈妈腿抽筋的原因多是缺钙，补钙在一定程度上可缓解腿抽筋。到了孕中期，孕妈妈每天的需钙量增加到 1 000 毫克。孕妈妈可以通过多吃含钙食物来补钙，如牛奶、豆腐、海带、虾、排骨等。

不宜刻意节食

有些年轻孕妈妈怕孕期吃得太胖影响形体，或担心胎宝宝太胖，出现分娩困难等，为此常常节制饮食，其实这种做法对自身和胎宝宝都十分不利。

女性怀孕以后，新陈代谢变得旺盛起来，与妊娠有关的组织和器官也会发生增重变化，女性孕期要比孕前增重 11 千克左右。所以孕妈妈体重增加是必然且合理的，大可不必过分担心和控制。孕妈妈要合理安排饮食，讲究荤素搭配、营养均衡，不要暴饮暴食，也不要节食。

不宜喝糯米甜酒

米酒和一般酒一样，都含有一定比例的酒精。与普通白酒的不同之处是，糯米甜酒含酒精的浓度不如烈性酒高。但即使是微量酒精，也可以毫无阻挡地通过胎盘进入胎宝宝体内，使胎宝宝大脑细胞的分裂受到阻碍。所以，孕妈妈不宜喝糯米甜酒。

不宜太贪嘴

不要因为嘴馋而吃太多甜食或者路边摊，如果饮食不卫生，可能会影响胎宝宝正常发育。平时孕妈妈要少吃或不吃下列食物：太甜的食物及人工甜味剂和人造脂肪，包括白糖、糖浆、阿斯巴甜糖果及朱古力、可乐或人工添加甜味素的果汁饮料、罐头水果、人造奶油、冰冻果汁露、含糖花生酱等。

不宜体重增长过快

孕中期是孕妈妈体重迅速增长、胎宝宝迅速成长的阶段，多数孕妈妈体重增长会超标，这时期也是妊娠高血压疾病、妊娠糖尿病的高发期。此时孕妈妈的主食最好是米面和杂粮搭配，副食则要全面多样、荤素搭配。孕晚期阶段，胎宝宝生长速度最快，很多孕妈妈体重仍会急剧增加。这个阶段除正常饮食外，可以适当减少米、面等主食的摄入量，不要吃太多水果，以免自身体重增长过快和胎宝宝长得过大。

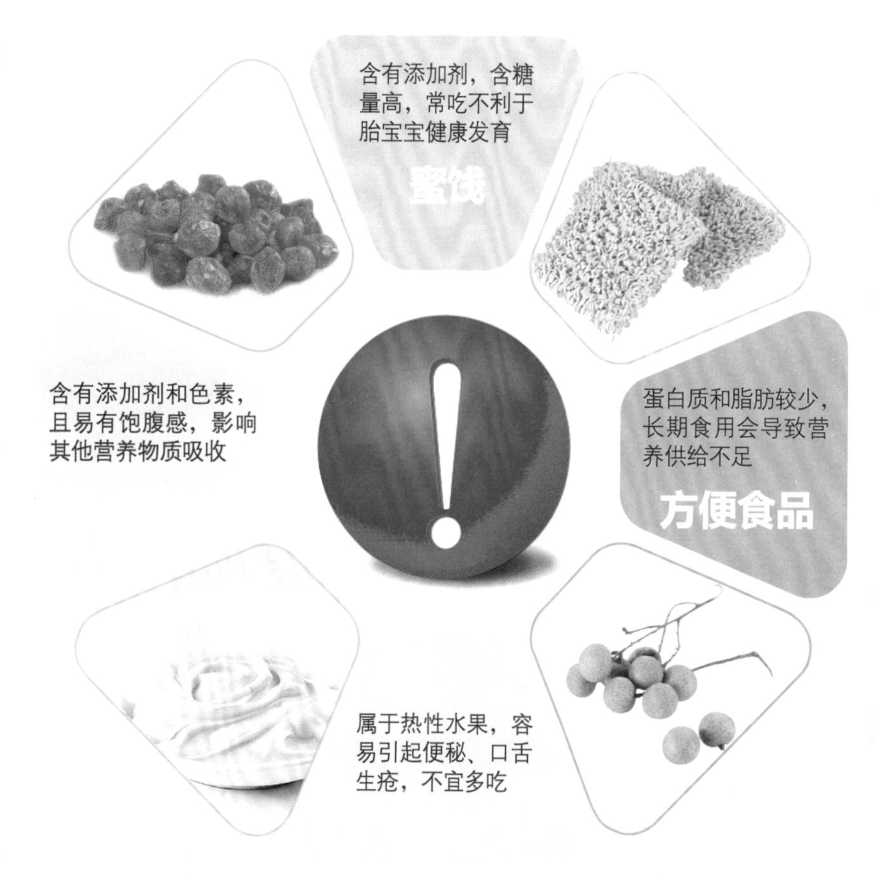

本月营养餐推荐

爱的叮咛：宜通过饮食预防孕期便秘

孕妈妈在起床后先空腹饮一杯温开水或蜂蜜水，长期坚持就会形成早晨排便的好习惯，这对于预防孕期便秘很有帮助。饮食上多吃蔬果杂粮，如绿叶菜、萝卜、瓜类、苹果、香蕉、梨、燕麦、杂豆、糙米等，都有助于缓解孕期便秘。

炒馒头

热量：中

原料： 馒头1个，木耳10克，西红柿100克，鸡蛋1个，盐、葱末各适量。

做法： ❶ 将馒头切成小块；木耳泡发、洗净、切小块；西红柿洗净、切小块；鸡蛋打散。❷ 将锅加热，刷油，将馒头块倒入锅中用小火烘至外皮微黄酥脆，盛出备用。❸ 放入木耳块翻炒，倒入打散的鸡蛋液，再加西红柿块和少许水（以免粘锅），最后加盐和馒头块翻炒均匀，撒上葱末即可。

营养： 木耳和鸡蛋富含铁，可有效满足胎宝宝发育过程中对铁的需求。

核桃仁枸杞紫米粥

热量：中

原料： 紫米、核桃仁各50克，枸杞子10克。

做法： ❶ 紫米洗净，清水浸泡30分钟；核桃仁拍碎；枸杞子拣去杂质，洗净。❷ 将紫米放入锅中，加适量清水，大火煮沸，转小火继续煮30分钟。❸ 放入核桃仁碎与枸杞子，继续煮至食材熟烂即可。

营养： 核桃富含蛋白质、维生素E等营养素，孕妈妈常吃有助于健康。

土豆饼

热量：中

原料： 土豆、西蓝花各50克，面粉150克，盐适量。

做法： ❶ 土豆洗净，去皮，切丝；西蓝花洗净，焯烫，切碎；将土豆丝、西蓝花碎、面粉、适量水和盐放在一起搅匀。❷ 将搅拌好的土豆面糊倒入煎锅中，用油煎成饼。

营养： 土豆富含碳水化合物，西蓝花营养全面，两者搭配，可很好地为孕妈妈补充体力，改善精神状态。

早餐搭配推荐

土豆饼（中）+ 煮鸡蛋（低）+ 红枣酸奶（低）

莴笋猪肉粥（中）+ 樱桃虾仁沙拉（中）+ 苹果（低）

樱桃虾仁沙拉

热量:中

原料：樱桃 6 颗，虾仁、青椒各 50 克，沙拉酱适量。

做法：❶ 樱桃、青椒洗净，去核、去子，切丁；虾仁洗净，切丁。❷ 虾仁丁、青椒丁分别放入开水中汆熟捞出，以冷水冲凉。❸ 虾仁丁、樱桃丁及青椒丁放入盘中拌匀，淋上沙拉酱即可。

营养：樱桃含铁量丰富，是水果中的冠军，虾仁是高铁、高钙食物。此菜补益效果很好，也能适应胎宝宝味觉的发展，防止宝宝出生后偏食、挑食。

沙拉酱热量高，要少放。

莴笋猪肉粥

热量:中

原料：莴笋、大米各 50 克，猪肉 100 克，酱油、盐各适量。

做法：❶ 莴笋去皮、洗净，切细丝；大米洗净；猪肉洗净，切成末，加少许酱油、盐，腌 10~15 分钟。❷ 锅中放入大米，加适量清水，大火煮沸，加入莴笋丝、猪肉末，改小火煮至米烂时，加盐搅匀即可。

营养：莴笋含维生素 C、蛋白质、膳食纤维、钾、钙、磷、铁等，具有通便利尿的功效。

腐竹玉米猪肝粥

热量:中

原料：大米 150 克，猪肝、鲜腐竹各 50 克，玉米粒 60 克，盐适量。

做法：❶ 鲜腐竹切段；大米、玉米粒洗净。❷ 猪肝洗净，汆烫后切成薄片，用盐腌制入味。❸ 将鲜腐竹段、大米、玉米粒放入锅中，加水熬煮至熟。❹ 加猪肝片稍煮，放盐调味即可。

营养：猪肝中的矿物质铁，可以帮助孕妈妈补铁，预防贫血。

爱的叮咛：饮食清淡可减轻水肿

孕妈妈日常饮食清淡可以有效减轻水肿，水肿明显的孕妈妈要控制盐的摄入量，每天不宜超过 4 克。难消化或易胀气的食物，如油炸的糯米糕会使血液回流不畅，容易加重水肿，孕妈妈要尽量少吃。冬瓜、萝卜有利尿、消水肿的作用，孕妈妈可以适当多吃点。

熘苹果鱼片

原料：黑鱼 1 条，苹果半个，胡萝卜1 根，蛋清、料酒、盐、姜末、葱花各适量。

做法：❶ 黑鱼处理成鱼片，加料酒、蛋清、盐、姜末，给鱼片上浆，腌 10 分钟。❷ 将苹果、胡萝卜分别洗净，切成片。❸ 油锅烧热，下鱼片滑熟，盛出。❹ 留底油下胡萝卜片、苹果片翻炒，最后放入鱼片翻炒，加盐调味，撒上葱花即可。

营养：在胎宝宝大脑发育的关键期，此菜有助于胎宝宝智力发育。

小米蒸排骨

原料：排骨 400 克，小米 100 克，料酒、冰糖、豆瓣酱、盐、葱末、姜末各适量。

做法：❶ 排骨洗净，斩段；豆瓣酱剁细；小米淘洗干净后用水浸泡待用。❷ 猪排加豆瓣酱、冰糖、料酒、盐、姜末拌匀，装入蒸碗内，加入小米，上笼锅用大火蒸熟，取出扣入圆盘内，撒上葱末。

营养：小米富含铁和膳食纤维，是孕妈妈的补益佳品。

青菜冬瓜鲫鱼汤

原料：鲫鱼 1 条，青菜 50 克，冬瓜 100 克，盐、葱花各适量。

做法：❶ 鲫鱼处理干净，切片；冬瓜洗净，去皮、瓤，切片。❷ 油锅烧热，下鲫鱼煎炸至微黄，放入冬瓜片，加适量清水煮沸。❸ 青菜洗净切段，放入鲫鱼汤中，煮熟后加盐、葱花调味即可。

营养：此汤富含卵磷脂，能为胎宝宝的大脑发育提供必需营养素。

午餐搭配推荐

小米蒸排骨(中)+熘苹果鱼片(低)+清炒莴笋(低)

牛奶馒头(中)+松子爆鸡丁(中)+青菜冬瓜鲫鱼汤(低)

松子爆鸡丁

原料:鸡肉150克,松子仁、核桃仁各15克,蛋清、姜末、葱末、盐、酱油、料酒、水淀粉、鸡汤各适量。

做法:❶鸡肉洗净,切丁,用蛋清、水淀粉抓匀,入油锅炒熟。❷核桃仁、松子仁分别炒熟;将所有调料和姜末、葱末、鸡汤调成汁。❸锅置火上,放调料汁,倒入鸡丁、核桃仁、松子仁翻炒均匀。

营养:松子仁对胎宝宝大脑皮层沟回的出现和脑组织的快速增殖有极好的促进作用。

翡翠豆腐

原料:豆腐200克,菠菜100克,盐、葱末、花椒各适量。

做法:❶将豆腐上屉蒸一下,去掉水分,切成条,然后用凉水过凉,沥干水。❷菠菜洗净,切成段,放入沸水中焯一下,捞出,放入凉水中过凉,沥干水。❸将豆腐条和菠菜段装入盘内,浇上热油,放盐调味,撒上葱末和花椒即可。

营养:此菜具有补气生血、健脾益肺、润肌护肤的功效,非常适合孕妈妈孕期滋补。

香肥带鱼

原料:带鱼1条,牛奶150毫升,番茄酱、盐、干淀粉、黄瓜片、辣椒圈各适量。

做法:❶带鱼处理干净,切成长段,然后用盐拌匀,再拌上干淀粉,入油锅炸至金黄色时捞出。❷另起一锅,加水、牛奶、盐、番茄酱,不断搅拌。❸将炸好的带鱼段装盘,盘周摆上黄瓜片和辣椒圈装饰,将熬好的汤汁浇在带鱼上即可。

营养:带鱼中α-亚麻酸含量丰富,有很好的补益作用。

爱的叮咛：晚餐不宜吃得太晚

孕妈妈吃晚餐的时间不要太晚，如果吃完就睡觉，不仅会加重胃肠道的负担，导致孕妈妈难以入睡，还会由于活动量小，使多余的营养转化为脂肪储存起来，所以晚餐不宜吃太晚。

银耳鸡汤

热量：低

原料：银耳 20 克，鸡汤、盐、白糖各适量。

做法：❶ 银耳洗净，用温水泡发后去蒂，撕小朵。❷ 将银耳放入砂锅中，加入适量鸡汤，用小火炖 30 分钟左右。❸ 待银耳炖透后放入盐、白糖调味即可。

营养：银耳配鸡汤，能够帮助孕妈妈滋补身体，强身健体，增强抵抗力，预防感冒。

虾肉冬瓜汤

热量：低

原料：虾 50 克，冬瓜 150 克，姜片、盐、白糖、香油各适量。

做法：❶ 虾处理干净，隔水蒸 8 分钟，取出虾肉。❷ 冬瓜洗净，切小块，放入锅中与姜片同煲。❸ 放入虾肉，加盐、白糖、香油略煮即可。

营养：此汤不仅补钙，还有预防下肢水肿的作用，可有效地缓解孕期水肿症状。

虾皮海带丝

热量：低

原料：海带丝 200 克，虾皮 10 克，红椒、土豆各 20 克，姜、盐、香油各适量。

做法：❶ 红椒洗净切丝；土豆洗净，去皮切丝；姜洗净，切细丝；虾皮洗净。❷ 油锅烧热，将红椒丝以微火略煎一下，盛起。❸ 锅中加清水烧沸，将海带丝、土豆丝煮熟软，捞出装盘，待凉后将姜丝、虾皮及红椒丝撒入，加盐、香油拌匀。

营养：此菜含有丰富的矿物质，对胎宝宝大脑发育有一定的辅助作用。

晚餐搭配推荐

萝卜虾泥馄饨(中)+腰果炒芹菜(低)

西红柿面片汤(低)+海米炒洋葱(中)+菠萝(低)

萝卜虾泥馄饨

热量:中

原料: 馄饨皮15个,白萝卜、虾仁、胡萝卜各100克,香菇2朵,鸡蛋1个,盐、香油、葱末、葱花、姜末、香菜叶各适量。

做法: ❶白萝卜、胡萝卜、香菇和虾仁洗净,剁碎;鸡蛋打成蛋液。❷锅内倒油,放葱末、姜末,下入萝卜碎煸炒至八成熟;蛋液入锅炒散。❸所有材料混合,加盐和香油调成馅;包成馄饨,煮熟,在汤中加入葱花和香菜叶即可。

营养: 虾有镇定和安神的功效,可帮助孕妈妈远离抑郁情绪。

拌芹菜花生

热量:中

原料: 芹菜250克,花生仁100克,香油、盐各适量。

做法: ①花生仁洗净,泡涨,去皮,加适量水煮熟;芹菜洗净,切成小段,放入开水中焯熟。②将花生仁、芹菜段放入盘中,加香油、盐搅拌均匀即可。

营养: 芹菜中含有丰富的蛋白质、钙、磷、胡萝卜素等,对改善孕妈妈身体内部环境十分有益,让孕妈妈由内而外散发着健康的气息。

海米炒洋葱

热量:中

原料: 海米50克,洋葱150克,姜丝、葱花、盐、酱油、料酒各适量。

做法: ❶洋葱洗净,切丝;海米泡发洗净。❷将料酒、酱油、盐、姜丝放碗中调成汁。❸锅中放入洋葱丝、海米翻炒,并加入调味汁,出锅撒上葱花即可。

营养: 此菜能增进食欲、促消化,对控制血糖有一定作用,很适合患有妊娠糖尿病的孕妈妈食用。

爱的叮咛：每天都要吃蔬菜和水果

孕妈妈每天要坚持进食适量的蔬菜和水果。蔬果中含有人体必需的多种维生素、膳食纤维和矿物质，可以加速新陈代谢，预防孕期便秘。

紫菜包饭

原料：糯米 200 克，鸡蛋 1 个，紫菜 1 张，火腿、黄瓜各 50 克，沙拉酱、寿司醋各适量。

做法：❶ 黄瓜洗净、切条，加寿司醋腌制 3 分钟。❷ 糯米洗净，上锅蒸熟后，倒入适量寿司醋，拌匀晾凉。❸ 鸡蛋打散摊成饼，切丝；火腿切条。❹ 糯米饭平铺于紫菜上，加黄瓜条、火腿条、鸡蛋丝、沙拉酱，卷起，切厚片。

营养：紫菜营养全面，能帮助孕妈妈和胎宝宝补充多种营养素。

橙香奶酪盅

原料：橙子 1 个，奶酪布丁 1 盒。

做法：❶ 在橙子 2/3 处切一横刀，挖出果肉。❷ 果肉去筋去膜，撕碎备用。❸ 在橙子内填入奶酪布丁与撕碎的橙肉，拌匀即可。

营养：奶酪被称为“浓缩的牛奶”，蛋白质和钙的含量十分丰富，对胎宝宝此时呼吸系统的发育和听力的发展十分有利。

冬瓜蜂蜜汁

原料：冬瓜 200 克，蜂蜜适量。

做法：❶ 冬瓜洗净，去皮和瓤，切块，放锅中煮 3 分钟，捞出，放榨汁机中加适量温开水榨成汁。❷ 加入蜂蜜调匀即可。

营养：冬瓜能有效缓解孕妈妈的水肿症状，且具有出色的美白效果，可以帮助孕妈妈淡化色斑。

红豆西米露

热量：低

原料：红豆 50 克，牛奶 200 毫升，西米、白糖各适量。

做法：❶ 红豆提前泡一晚上。❷ 锅中放水煮沸，放入西米，煮到西米中间剩下个小白点，关火闷 10 分钟。❸ 过滤出西米，加入牛奶放冰箱中冷藏半小时；红豆加水煮开，直到红豆变软，煮好的红豆沥干水分，加入白糖拌匀。❹ 把做好的红豆和牛奶西米拌匀，香滑的红豆西米露就做好了。

营养：红豆因为其铁质含量相当丰富，具有很好的补血功能。

芪枣枸杞茶

热量：低

原料：黄芪 2 片，红枣 6 颗，枸杞子 10 克。

做法：❶ 将黄芪、红枣洗净，放入锅中加水煮开，改小火再煮 10 分钟，取出红枣。❷ 加入枸杞子，再煮 2 分钟，滤出茶汁即可。

营养：孕妈妈食用芪枣枸杞茶，有助于胎宝宝本月肝脏的发育，也能补肾健脾，增强孕妈妈的免疫力。

牛奶花生酪

热量：低

原料：花生、糯米各 70 克，牛奶、冰糖各适量。

做法：❶ 将花生和糯米浸泡 2 个小时，花生剥去花生红衣后，和糯米一起放入豆浆机中。❷ 加入牛奶到最低水位，盖上豆浆机，调到果汁档，启动。❸ 打好后，倒出花生米浆，去渣。❹ 取干净的煮锅，加入冰糖和花生米浆，煮开即可。

营养：花生富含蛋白质、钙和镁，对孕妈妈和胎宝宝的肌肉和骨骼都有益处。

孕 8 月（29~32 周）

现在进入孕 8 月了，离胎宝宝出生越来越近了。此时，孕妈妈会面临比较多的身体不适的考验，沉重膨大的腹部会使行动不便、身体更容易疲惫，而便秘、背部不适、腿部水肿等状况可能会更严重。不过孕妈妈还是应尽量放松心情，多想想胎宝宝的可爱，放下担心和忧虑，注意保持合理饮食，使体重继续合理增加，以坚定的信心，迎接胎宝宝的出生。

胃灼热的孕妈妈：胃部有灼热感的孕妈妈要少食多餐，将一天需要摄入的食物分成多餐，这样胃里始终有食物，就能保证将多余的胃酸消化掉，减少胃酸的反流。

上班族孕妈妈：上班族孕妈妈比较辛苦，但一定要保证饮食均衡，中午在公司用餐时，要多吃几样菜，保证蔬菜、肉和奶制品的摄入，工作之余吃点水果和坚果补充营养。

口味重的孕妈妈：有些孕妈妈口味偏重，但吃盐多会加重水肿，可以在减少盐的同时，用醋、柠檬汁、柚子汁、苹果醋、香菜等调味品调味，增加菜肴的味道。

胎宝宝发育所需营养

胎宝宝在孕妈妈的肚子里继续长大，现在身长约 40 厘米，体重约 1 700 克。皮肤颜色变深，身体显得胖乎乎的，脸部仍布有皱纹，大脑增大，神经作用更为活跃，感觉器官已经发育成熟，能够自行调节体温和呼吸了，而且视觉发育已经相当完善。

碳水化合物

怀孕第 8 个月，胎宝宝开始在肝脏和皮下储存糖原及脂肪，此时孕妈妈要及时补充足够的碳水化合物。如果孕妈妈的碳水化合物摄入不足，就容易造成蛋白质和脂肪过量消耗。

碳水化合物的主要食物来源有：谷物如大米、小麦、玉米、大麦、燕麦等；水果如甘蔗、甜瓜、西瓜、香蕉、葡萄等；蔬菜如胡萝卜、红薯等。

α - 亚麻酸

胎宝宝的肝脏可以利用母血中的 α - 亚麻酸来生成 DHA，帮助发育完善大脑和视网膜。如果 α - 亚麻酸补充得不够，极有可能造成胎宝宝发育不良、出生时智力低下、视力不好、反应迟钝等后果。亚麻子油中 α - 亚麻酸的含量相对较高，孕妈妈可在平时烹饪时适当用一些。另外，孕妈妈此时还应多吃一些核桃等富含 α - 亚麻酸的坚果。

铁

孕期的最后 3 个月，胎宝宝除了造血之外，其脾脏也需要储存一部分铁。如果此时铁储备不足，胎宝宝可能在婴儿期出现贫血，孕妈妈可适当增加铁的摄入量，每天以 35 毫克为佳。含铁较多的食物有红枣、猪肝、蛤蜊、海带、木耳、鱼类、鸡肉、牛肉、蛋类、紫菜、菠菜、芝麻、山药等。

蛋白质

本月胎宝宝生长速度增至最高峰，孕妈妈的基础代谢也达到最高峰，孕妈妈应尽量补足因胃容量减小而减少的营养。其中，优质蛋白质的摄入就能很好地为孕妈妈和胎宝宝补充所需的营养。与孕中期相比，孕妈妈可适当增加摄取量，每天摄取 80~100 克蛋白质。优质蛋白质的主要食物来源有蛋、鱼、虾、鸡肉、奶制品和豆制品等。

本月必吃防早产食材

怀孕8个月已到了孕晚期，孕妈妈应开始注意预防早产了。除了日常行动多加小心外，也可常吃些能预防早产的食物。下面介绍一些预防早产的食材，帮助孕妈妈安全度过孕期。

带鱼

带鱼中含有丰富的钾、镁、锌、维生素E等，有利于胎宝宝的健康成长，是安胎养胎的好食材。研究人员发现，吃鱼多的妈妈生下早产和体重过轻的宝宝比重较小，所以为了足月分娩健康的宝宝，孕妈妈不妨在孕晚期多吃些鱼。

菠菜

菠菜富含大量的叶酸，是孕妈妈需要食用的保胎蔬菜。孕晚期缺乏叶酸，会增加早产及分娩出低体重宝宝的概率。但菠菜含草酸也多，干扰人体对钙、铁、锌等微量元素的吸收，可将菠菜放入开水焯烫，大部分草酸即被破坏。

购买菠菜应选择色泽鲜嫩翠绿，无枯黄叶和花斑叶的，而且最好随买随吃。

莲子

关于莲子，历代医学典籍中均有记载，莲子养心安神、健脑益智、消除疲劳的功效被历代医学家推崇，而且莲子是不可多得的预防早产食材。建议孕妈妈可以吃一些莲子羹等，对预防早产、孕期腰酸背痛等都很有效。

鲫鱼

鲫鱼的营养价值高，肉嫩味鲜，是一种高蛋白、低脂肪的食物。鲫鱼中有一种特殊的脂肪酸，对预防早产很有好处，而且其丰富的DHA和卵磷脂，是构成人体各器官组织细胞膜的主要成分，可以补充孕期胎宝宝身体发育所需的DHA。

孕8月饮食宜忌

本月母体要为胎宝宝的快速生长发育和即将到来的分娩、母乳喂养做准备，因此激素的调节使生理上发生很大变化，对营养物质的需要量增加，食欲增大，但孕妈妈一定要注意营养不要过剩。孕期热能和某些营养素的过剩，会对孕妈妈及胎宝宝产生不利的影响。

宜吃葵花子促进胎宝宝大脑发育

大脑的充分发育，离不开胎儿时期的良好营养。孕妈妈多吃补脑食品，可以让正处于大脑发育阶段的胎宝宝受益。常食葵花子有一定的补脑健脑的作用。实践证明，喜食葵花子的人，不仅皮肤红润、细嫩，且脑子灵活，记忆力强，言谈有条不紊，反应较快。孕妈妈可每天吃一小把葵花子。

宜吃紫色蔬菜

紫色蔬菜中含有一种特别的物质——花青素。花青素除了具备很强的抗氧化、预防高血压、减缓肝功能障碍等作用之外，还有改善视力、预防眼部疲劳等功效。常见的紫色蔬菜有紫甘蓝、紫茄子、紫苋菜等。

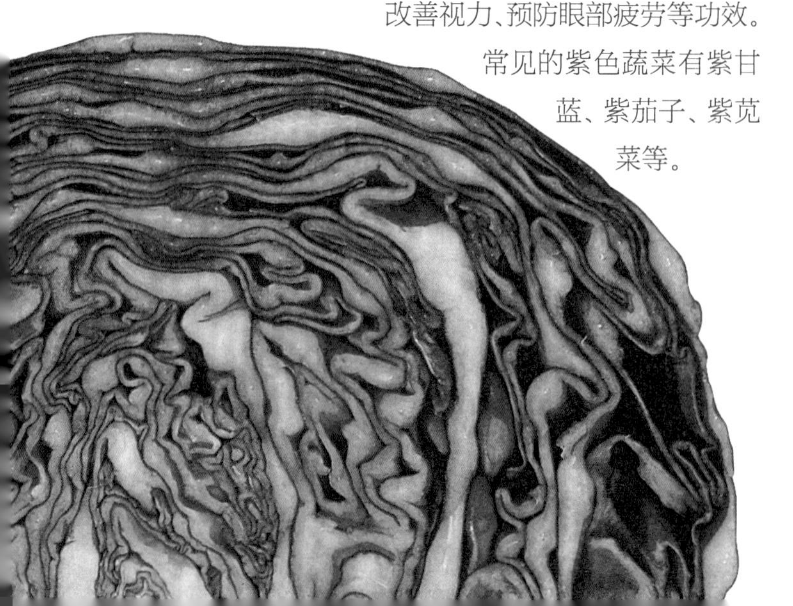

宜吃利尿、消水肿的食物

孕妈妈每天坚持进食适量的蔬菜和水果，就可以提高机体抵抗力，加强新陈代谢，因为蔬菜和水果中含有人体必需的多种维生素和矿物质，有利于减轻妊娠水肿的症状。冬瓜、西瓜、荸荠以及鲫鱼、鲤鱼都有利尿消肿的功效，经常食用能改善妊娠水肿。

孕妈妈最好不要吃冰镇的西瓜，以免引起腹泻。

宜吃谷物和豆类

从现在到分娩，孕妈妈应该增加谷物和豆类的摄入量，因为胎宝宝需要更多的营养。富含膳食纤维的谷物和豆类中B族维生素的含量很高，对胎宝宝大脑的生长发育也有重要作用，而且可以预防便秘。比如全麦面包及其他全麦食品、粗粮等，孕妈妈都可以适当地多吃一些。

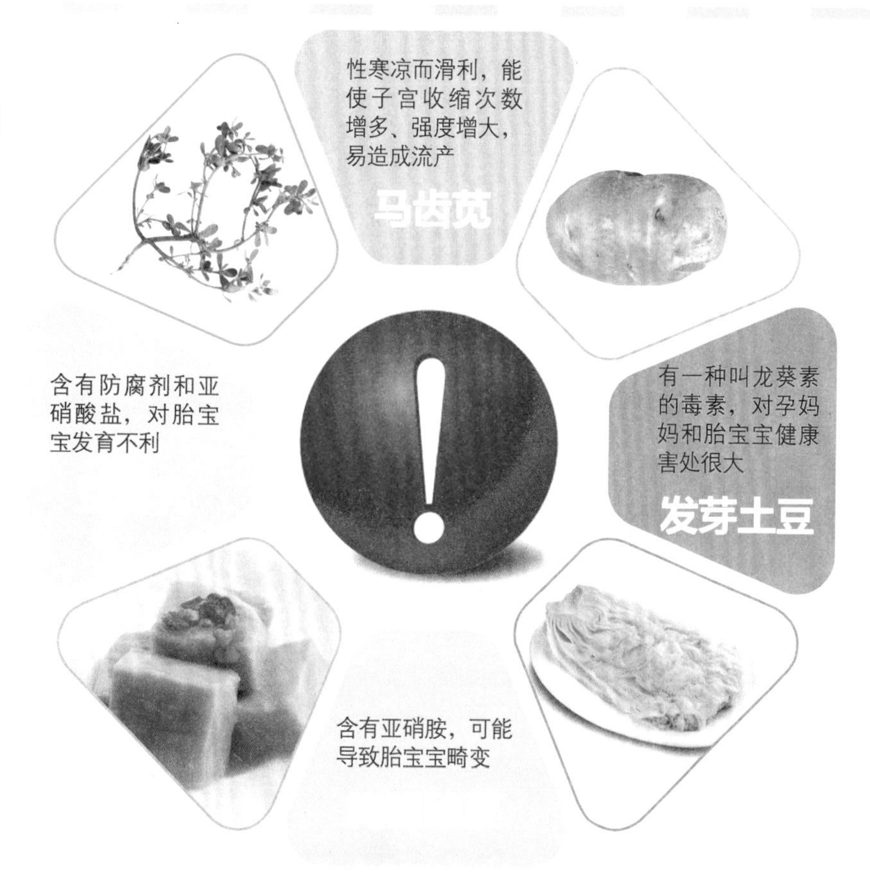

不宜过量食用坚果

坚果多是种子类食品，富含蛋白质、脂肪、矿物质和维生素等。多数坚果有益于孕妈妈和胎宝宝的身体健康，但因其油性比较大，而孕期尤其是孕晚期消化功能相对减弱，过量食用坚果很容易引起消化不良。孕妈妈每天食用坚果以不超过 30 克为宜。

不宜吃高热量的食品

在孕晚期，孕妈妈要注意少吃高热量的食品，以免体重增长过快，造成分娩困难。研究发现，在孕期大量摄取高热量食品的孕妈妈，其下一代体重过重的比例也比其他人要高。孕晚期，孕妈妈每周增重 350 克左右比较合适，不宜超过 500 克。

不宜用豆制品代替牛奶

有些孕妈妈不喜欢牛奶的味道，不愿意喝牛奶，认为豆制品营养也很丰富，就用豆制品来代替牛奶。其实这种做法是不科学的。虽然鼓励孕妈妈吃豆制品，但是不鼓励用豆制品替换牛奶。牛奶一定要喝够，不仅可以补钙，还可以补充蛋白质。

不宜加热酸奶

酸奶不宜高温加热。高温会杀死酸奶中的活性乳酸菌，降低酸奶的营养价值。有糖尿病的孕妈妈应避免饮用添加蜂蜜、葡萄糖和蔗糖的酸奶，最好食用淡酸奶、无糖酸奶或小麦胚芽酸奶。

不宜完全限制盐的摄入

虽然孕晚期少吃盐可以帮助孕妈妈减轻水肿症状，但也不宜完全不吃盐。因为孕妈妈体内新陈代谢比较旺盛，特别是肾脏的过滤功能和排泄功能比较强，钠的流失也随之增多，所以容易导致孕妈妈食欲不振，严重时会影响胎宝宝的发育。因此，孕晚期摄入盐要适量，不能过多，也不能一点都不吃。

不宜过多食用红枣

红枣可以每天都吃，但是不能一次吃得过多，否则会给消化系统造成负担，引起胃酸过多、腹胀等症，一般一天吃两三个就可以了。另外，湿热重、舌苔黄的孕妈妈不适合吃红枣。红枣含糖量高，有妊娠糖尿病的孕妈妈忌吃。

本月营养餐推荐

爱的叮咛：宜均衡营养

孕晚期，胎宝宝的体重增加很快，如果营养不均衡，孕妈妈往往会出现贫血、水肿、高血压等并发症。因此，孕妈妈应注意平衡膳食。孕妈妈所吃的食物品种应多样化、荤素搭配、粗细粮搭配、主副食搭配，且这种搭配要恰当。副食可以选择牛奶、鸡蛋、豆制品、禽肉类、瘦肉类、鱼虾类和蔬果类。

香椿苗拌核桃仁

原料：核桃仁、香椿苗各 50 克，盐、醋、香油各适量。

做法：❶ 香椿苗择好后，洗净；核桃仁用温开水浸泡备用。❷ 将香椿苗、核桃仁、醋、盐和香油拌匀（如果想吃辣味的可以淋入少许辣椒油）。

营养：核桃能有效补充 α- 亚麻酸，可使本月胎宝宝大脑、视网膜的发育更加完善，让胎宝宝脑聪目明。

荞麦凉面

原料：荞麦面 100 克，熟海带丝 50 克，酱油、醋、白糖、白芝麻、盐各适量。

做法：❶ 荞麦面煮熟，用凉白开过 2 遍水，待面变凉后，加适量水和酱油、白糖、醋、盐，搅拌均匀。❷ 荞麦面上撒熟海带丝和白芝麻拌匀即可。

营养：荞麦不仅能帮助本月的胎宝宝开始在肝脏和皮下储存糖原及脂肪，还能提升胎宝宝智力水平。

玫瑰汤圆

原料：糯米粉 100 克，黑芝麻糊、玫瑰蜜、白糖、黄油、盐各适量。

做法：❶ 黑芝麻糊加黄油、白糖、玫瑰蜜、盐搅匀成馅料。❷ 糯米粉加入温水调成面团，揉光，做剂子，包入馅料制成汤圆。❸ 锅里放水烧开，下入汤圆煮熟。

营养：本品汤清味甜，口感软糯，有补中益气、安神强心的作用，香甜的味道也很适合胎宝宝的味觉发展。

早餐搭配推荐

蛋黄紫菜饼(中)+香椿苗拌核桃仁(低)+牛奶(低)

奶油葵花子粥(中)+红薯饼(高)+香蕉(低)

奶油葵花子粥

热量:中

原料:南瓜150克,熟葵花子仁10克,大米50克,奶油适量。

做法:❶南瓜洗净,去皮、瓤,切小块;大米洗净,浸泡30分钟。❷锅中放入大米、南瓜块和适量水,大火烧沸后,改小火熬煮。❸待粥快煮熟时,放入葵花子仁、奶油,搅拌均匀即可。

营养:葵花子中含有丰富的不饱和脂肪酸,孕妈妈常吃有助于胎宝宝的大脑发育。

蛋黄紫菜饼

热量:中

原料:紫菜30克,鸡蛋2个,面粉50克,盐适量。

做法:❶紫菜洗干净切碎,与蛋黄、适量面粉、盐一起搅拌均匀。❷锅里倒入适量油,烧热,将原料一勺一勺舀入锅,用小火煎成两面金黄,切小块即可。

营养:这种饼咸香可口,而且紫菜能增强记忆,防治孕期贫血,对促进胎宝宝骨骼生长也有好处。

乌鸡糯米粥

热量:中

原料:乌鸡腿1只,糯米50克,葱白、盐各适量。

做法:❶乌鸡腿洗净,切成块,汆烫洗净,沥干;葱白切细丝。❷乌鸡腿块加水熬汤,大火烧开后转小火,煮15分钟,倒入糯米,煮开后转小火煮。❸待糯米煮熟后,再加入盐调味,最后放入葱丝焖一下。

营养:乌鸡肉脂肪较少,营养丰富,适合孕晚期食用。

爱的叮咛：孕晚期注意补铁

孕妈妈此时仍然不能忽视铁的补充。胎宝宝在最后 3 个月储铁量最多，如果补铁不足，宝宝出生后很容易发生贫血。铁主要存在于动物肝脏、瘦肉和海鲜中，同时孕妈妈要吃富含维生素 C 的水果蔬菜，可促进铁的吸收。

豆角小炒肉

原料：瘦肉 100 克，豆角 200 克，姜丝、盐各适量。
做法：❶ 将瘦肉切丝；豆角斜切成段。❷ 油锅烧热，煸香姜丝，放入肉丝炒至变色，倒入豆角段，边翻炒边加入适量水。❸ 待豆角段将熟，放入盐调味即可。
营养：豆角含丰富的维生素和植物蛋白质，和瘦肉搭配能补充更多的优质蛋白质，满足胎宝宝体重快速增加的需要。

猪肝烩饭

原料：米饭 150 克，猪肝、猪瘦肉各 100 克，胡萝卜片、洋葱片各 20 克，蒜末、盐、酱油、料酒各适量。
做法：❶ 猪瘦肉、猪肝切片，调入酱油、料酒、盐腌 10 分钟。❷ 油锅烧热，下蒜末煸香，放入猪肝片、猪瘦肉片略炒，加洋葱片、胡萝卜片、盐和酱油翻炒至熟，淋在米饭上。
营养：猪肝能养血补肝，且富含维生素 A 和 B 族维生素，有助于胎宝宝生长发育。

宫保素三丁

原料：土豆 200 克，红椒、黄椒、黄瓜各 100 克，花生 50 克，葱末、白糖、盐、香油、水淀粉各适量。
做法：❶ 将花生过油炒熟；其余食材洗净，切丁。❷ 油锅烧热，煸香葱末，放入所有食材大火快炒，加白糖、盐调味，用水淀粉勾芡，最后淋香油即可出锅。
营养：此菜含碳水化合物、多种维生素、膳食纤维等各种营养素，有利于胎宝宝发育。

午餐搭配推荐

猪肝烩饭（中）+ 宫保素三丁（低）+ 鲤鱼木耳汤（低）

花卷（中）+ 茶树菇炖鸡（中）+ 花生鱼头汤（中）

花生鱼头汤

热量：中

原料：鱼头1个，花生50克，红枣6颗，姜片、盐各适量。

做法：❶鱼头处理干净；红枣洗净，备用；花生洗净。❷油锅烧热，放入姜片爆香，再放入鱼头，煎至两面金黄。❸加入适量水，没过鱼头，用大火烧开。❹加入花生和红枣，烧开后转小火煲40分钟，加盐调味即可。

营养：鱼头营养高、口味好，富含人体必需的卵磷脂和不饱和脂肪酸，对胎宝宝脑部和中枢神经系统发育极为有利。

茶树菇炖鸡

热量：中

原料：茶树菇80克，鸡1只，葱段、姜片、料酒、盐各适量。

做法：❶茶树菇洗净，冷水浸泡10分钟，待泡软后去蒂；鸡处理干净，切成块，汆水捞起备用。❷锅内加水，水开后放入茶树菇、鸡块、葱段、姜片、料酒，开锅后再煮15分钟，然后转小火煮约20分钟，加盐调味即可。

营养：鸡肉含优质蛋白质且易消化、吸收，适合孕妈妈食用。

软熘虾仁腰花丁

热量：中

原料：山药丁30克，虾仁、猪腰各100克，枸杞子5克，蛋清、盐、酱油、料酒、淀粉、葱末、姜末、蒜末各适量。

做法：❶枸杞子用温水浸泡；山药丁炒熟；虾仁洗净，加淀粉、蛋清上浆；猪腰洗净，切片。❷油锅烧热，放葱、姜、蒜末炝锅，加猪腰片翻炒片刻，放入所有原料及调味料，熘炒至熟。

营养：此菜鲜嫩润口，色泽美观，可补充钙及维生素，还能滋补脾肾。

爱的叮咛：睡前不宜吃易胀气食物

有些食物在消化过程中会产生较多的气体，从而产生腹胀感，妨碍孕妈妈正常睡眠。如蚕豆、洋葱、青椒、茄子、土豆、红薯、芋头、玉米、面包和添加木糖醇（甜味剂）的饮料及甜点等，孕妈妈要尽量避免晚餐及睡前食用这些食物。

蛤蜊粥

热量：中

原料：蛤蜊肉 100 克，大米、猪瘦肉各 30 克，料酒、盐各适量。

做法：❶ 大米洗净；蛤蜊肉洗净；猪瘦肉切丝。❷ 大米放入锅中，加适量清水，待米煮至开花时，加入瘦肉丝、蛤蜊肉、料酒、盐，煮成粥即可。

营养：此粥富含硒、锌等矿物质，能够促进孕晚期胎宝宝大脑发育。

板栗扒白菜

热量：低

原料：白菜心 1 个，板栗 50 克，葱花、姜末、盐各适量。

做法：❶ 白菜洗净，切成小片。❷ 板栗洗净，放入热水锅中煮熟，取出果肉切块。❸ 油锅烧热，放入葱花、姜末炒香，再放入白菜片与板栗块，最后加盐调味即可。

营养：板栗含丰富的维生素和矿物质，不仅能满足孕妈妈的营养需要，还能促进胎宝宝五种感觉器官的完全发育和运转。

红烧冬瓜面

热量：中

原料：面条 100 克，冬瓜 80 克，油菜 20 克，生抽、醋、盐、香油、姜末各适量。

做法：❶ 冬瓜洗净，切片；油菜洗净，掰开。❷ 油锅烧热，煸香姜末，放入冬瓜片翻炒，加生抽和适量清水稍煮。❸ 待冬瓜片煮熟透，加醋和盐，即可出锅。❹ 面条和油菜一起煮熟，把煮好的冬瓜片连汤一起浇在面条上，再淋点香油。

营养：冬瓜的利水功效很强，可帮助孕妈妈预防和缓解孕晚期水肿。

晚餐搭配推荐

红烧冬瓜面(中)+板栗扒白菜(低)+海米海带丝(低)

丝瓜虾仁糙米粥(中)+蒜香黄豆芽(低)+煮玉米(低)

丝瓜虾仁糙米粥

热量:中

原料: 丝瓜 100 克,虾仁、糙米各 50 克,盐适量。

做法: ❶ 提前将糙米清洗后加水浸泡约 1 小时。❷ 将糙米、虾仁洗净一同放入锅中。❸ 加入 2 碗水,用中火煮成粥状。❹ 丝瓜洗净,去皮切块,加到已煮好的粥内,煮一会儿后加盐调味即可。

营养: 糙米是粗粮,能为胎宝宝在肝脏和皮下储存糖原及脂肪;虾富含钙和铁,可满足胎宝宝此时脾脏贮存铁的需要。

冬瓜淮山药腰片汤

热量:中

原料: 冬瓜 100 克,猪腰 50 克,淮山药、黄芪各 20 克,香菇 2 朵,鸡汤、姜末、葱末、盐各适量。

做法: ❶ 冬瓜、淮山药洗净,冬瓜去瓤,同淮山药分别削皮切片;香菇洗净切块;猪腰处理干净,切片,用热水汆烫。❷ 将鸡汤倒入锅中加热,先放姜末、葱末、黄芪、冬瓜片,中火煮 40 分钟,再放猪腰、香菇、淮山药片,煮熟后加盐调味即可。

营养: 冬瓜有清热、消肿、强肾、降压的作用,孕妈妈食用可以有效地预防妊娠高血压疾病。

山药五彩虾仁

热量:低

原料: 山药 200 克,虾仁、豌豆荚各 50 克,胡萝卜半根,盐、香油、料酒各适量。

做法: ❶ 山药、胡萝卜去皮,洗净,切成条,放入沸水中焯烫;虾仁洗净,用料酒腌 20 分钟,捞出;豌豆荚洗净。❷ 油锅烧热,放入山药条、胡萝卜条、虾仁、豌豆荚同炒至熟,加盐,淋香油即可。

营养: 山药五彩虾仁中的蛋白质、维生素含量丰富,为胎宝宝感觉器官的发育成熟提供全面的营养。

爱的叮咛：妊娠糖尿病孕妈妈不宜吃葡萄

葡萄是美味多汁的水果，有利尿、补血、消除疲劳的功效。但葡萄的含糖量高，患有妊娠糖尿病的孕妈妈不宜食用。

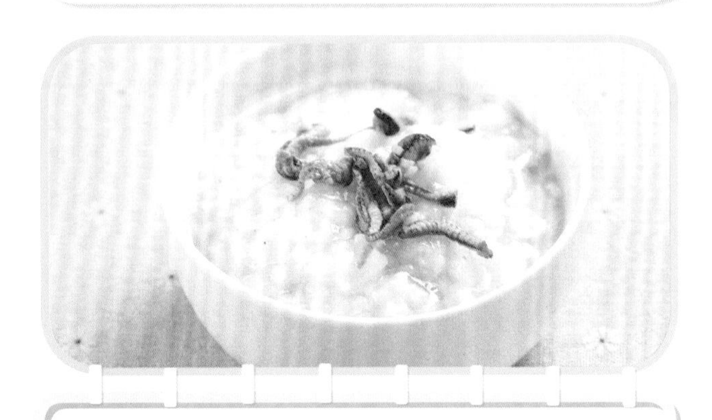

鳝鱼大米粥

原料：大米 50 克，鳝鱼肉 80 克，姜末、盐各适量。

做法：❶ 大米洗净；鳝鱼肉洗净，切成丝。❷ 锅中加适量水，放入大米，大火烧开，再转小火煲 20 分钟。❸ 放入姜末、鳝鱼肉丝煮透后，再放入盐调味即可。

营养：此粥含有丰富的蛋白质、维生素和矿物质，有助于满足孕妈妈的营养需求。

培根菠菜饭团

原料：培根、米饭各 150 克，菠菜 50 克，香油、海苔碎、盐各适量。

做法：❶ 菠菜洗净后放入沸水略焯，捞出，切成末。❷ 菠菜末放入碗内，调入盐、香油拌匀，再加入米饭，撒入海苔碎拌匀；取一小团拌好的菜饭捏成椭圆形饭团。❸ 用培根将饭团裹起来，放入不粘锅内小火煎 5 分钟即可。

营养：菠菜富含铁和胡萝卜素，对胎宝宝眼睛的发育很有好处。

蜜汁山药条

原料：山药 100 克，熟黑芝麻、熟白芝麻、蜂蜜、冰糖各适量。

做法：❶ 山药洗净去皮，切成条。❷ 山药条入开水锅焯 5 分钟左右，捞出码盘；将熟黑芝麻、白芝麻均匀撒在码好的山药上。❸ 炒锅中加水，放入冰糖，小火加热使冰糖完全溶化，倒入蜂蜜，熬至开锅冒泡即可出锅，将蜜汁均匀地浇在山药条上即可。

营养：山药营养丰富，蜂蜜可促进肠蠕动，芝麻也有润肠通便的作用，此菜可以缓解胃灼热。

素火腿

原料：豆腐皮、虾仁各150克，盐、酱油、糖、高汤、香油各适量。

做法：❶豆腐皮先用冷水浸一下，取出待用；将虾仁用盐、酱油、糖及高汤、香油抓拌。❷将虾仁摆在豆腐皮上，卷起，捆紧，在蒸锅中蒸半小时，取出放凉，切成长段，即可食用。

营养：此菜形似火腿，嫩香味鲜，可帮孕妈妈增加钙质的摄入和吸收。

豆制品和虾都容易变质，一次不要做太多，以免浪费。

橘瓣银耳羹

原料：银耳15克，橘子1个，冰糖适量。

做法：❶将银耳用清水浸泡，泡发后去掉黄根与杂质，洗净，撕小朵。❷橘子去皮，掰成瓣，备用。❸将银耳放入锅中，加适量清水，大火烧沸后转小火，煮至银耳软烂。❹将橘瓣和冰糖放入锅中，再用小火煮5分钟即可。

营养：此羹营养丰富，而且具有滋养肺胃、生津润燥、理气开胃的功效，孕妈妈可常吃。

橙子胡萝卜汁

原料：橙子2个，胡萝卜1根。

做法：❶将橙子去皮切块，胡萝卜洗净，去皮切块。❷将胡萝卜块和橙子块一同放入榨汁机榨汁即可。

营养：鲜美的橙汁可以调和胡萝卜特有的气味，胡萝卜能够平衡橙子中的酸。这道饮品具有强效的抗氧化功效，同时也是清洁肠胃和提高身体能量的佳品，非常适合胃口不佳的孕妈妈饮用。

孕9月（33~36周）

进入孕9月了，离与胎宝宝见面的日子越来越近，孕妈妈心里也满是期待吧。孕妈妈现在要开始为宝宝的出生做准备了，以免到时候手忙脚乱。孕妈妈不仅要为胎宝宝准备好吃穿用各种生活必需品，还要准备好自己的待产包。另外，情绪对分娩影响很大，所以孕妈妈还要调整自己的情绪，积极乐观地看待分娩。

上班族孕妈妈：如果孕妈妈的身体状态比较好，饮食有度，一般是可以继续坚持工作到产前一两周的时候再停止的。但孕妈妈不要给自己太大压力，如果自己感觉身体状况不好，提前1个月申请休息，停止工作也是可以的。

下肢水肿的孕妈妈：孕妈妈出现下肢水肿现象时，则应选用低盐饮食，还要供给机体充足的蛋白质，每天都应有动物性食品，如奶、蛋、鱼等。

大龄孕妈妈：对于一些年龄比较大、身体较差的孕妈妈来说，最好是产前2个月的时候就停止工作，在家安心养胎，等待宝宝的到来，以免发生意外危及自己和胎宝宝的健康。

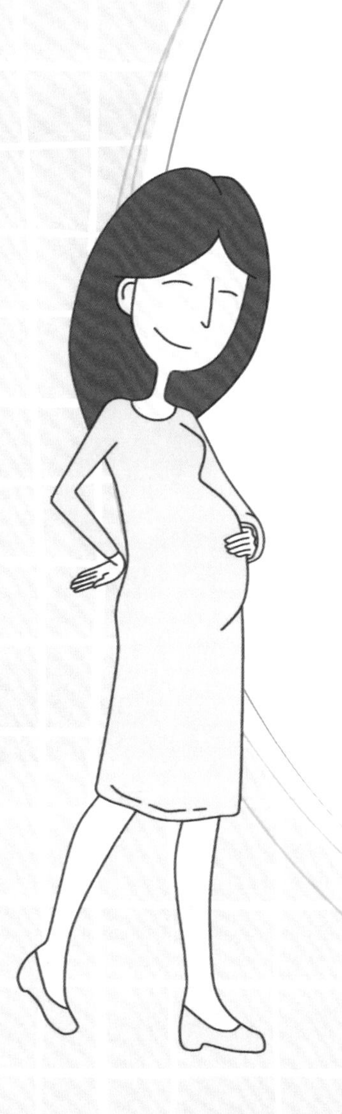

胎宝宝发育所需营养

这个月胎宝宝会长到大约 2 900 克，皮下脂肪大为增加，呼吸系统、消化系统、生殖器官发育已接近成熟。此时胎宝宝出生存活率为 99%。这个月末，胎头开始降入骨盆，位置尚未完全固定。偶尔孕妈妈会因胎动感觉到胎宝宝部分身体的轮廓。

钙

胎宝宝体内的钙一半以上是在孕期最后 2 个月储存的。如果第 9 个月里钙的摄入量不足，无法满足胎宝宝的需要，出生后就有发生软骨病的危险。此时孕妈妈每天需要摄入 1 200 毫克的钙，每天 1 杯牛奶已不能满足所需，孕妈妈还需再补充些富含钙的食物，如虾、虾皮、海带、紫菜，以及木耳、大豆及其制品等。

维生素 B_2

维生素 B_2 也称作核黄素。胎宝宝的健康发育离不开蛋白质、脂肪、碳水化合物和铁等营养素，而维生素 B_2 参与对蛋白质、脂肪和碳水化合物的代谢，红细胞的形成和铁的吸收。如果维生素 B_2 摄入不足，就会影响胎宝宝的生长。孕妈妈维生素 B_2 的供给量是每天 1.7 毫克。

孕妈妈应多吃富含维生素 B_2 的食物，如动物肝脏、鸡蛋、牛奶、豆类及一些蔬菜，如雪里蕻、油菜、菠菜等。

膳食纤维

孕晚期，逐渐增大的胎宝宝给孕妈妈带来负担，孕妈妈很容易发生便秘，便秘会影响胎宝宝的营养吸收，孕妈妈应该继续补充足量的膳食纤维，以促进肠道蠕动。全麦面包、芹菜、胡萝卜、红薯、土豆、菜花等新鲜蔬菜及五谷杂粮中都含有丰富的膳食纤维，孕妈妈可坚持适量食用。

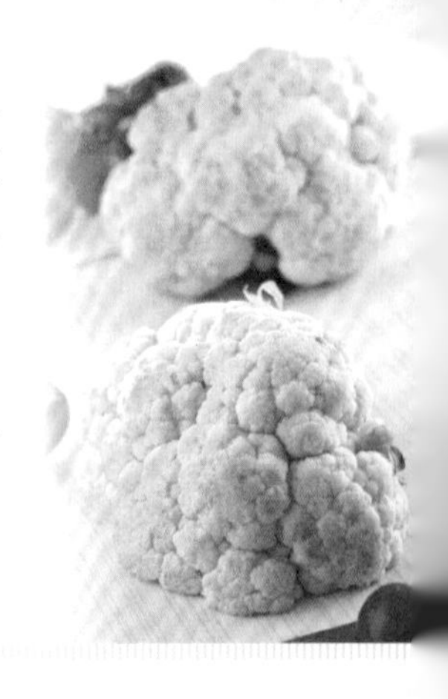

铜

胎宝宝的生长、骨骼的强壮、红细胞和白细胞的成熟、铁的运转、胆固醇和葡萄糖的代谢、心肌的收缩、以及大脑的发育都需要铜。在胎宝宝出生前 3 个月，补铜更为重要，孕妈妈应每天摄入 2 毫克左右的铜。含铜较多的食物有坚果类如核桃、腰果，豆类如蚕豆、豌豆，谷类如荞麦、黑麦以及蔬菜、动物肝脏、肉类及鱼类等。其中牛肝、羊肝、牡蛎、鱼及绿叶蔬菜中含铜较多，精制谷类含铜较少。

本月必吃补锌食材

锌是胎宝宝顺利出生的有力保证。据专家研究证明，锌可以极大地增强子宫有关酶的活性，从而使子宫产生强大的收缩力，将胎宝宝推出子宫。如果孕妈妈缺锌，子宫肌收缩力弱，分娩的痛苦和风险会增加。

苹果

每天吃一两个苹果即可满足锌的需要量。苹果不仅富含锌等微量元素，还富含脂肪、碳水化合物、多种维生素等营养素，有利于胎宝宝大脑发育。适量吃苹果不仅有利于孕妈妈和胎宝宝的健康，促进顺产，还有助于优生优育。

白菜

白菜中所含的锌高于肉类和蛋类，有促进胎宝宝生长发育和促进顺产的作用。孕妈妈常吃白菜好处多多，白菜能够增强免疫功能，还有健脑安神的功效，孕妈妈食用白菜还能起到补血的作用。

牛肉

牛肉含有丰富的锌，可增加孕妈妈分娩时子宫的收缩力，还有能促进蛋白质合成以及生长激素产生的钾，以及造血必需的铁元素。孕妈妈每周吃两三次牛肉，每次60~100克，可预防缺铁性贫血，能够增强孕妈妈的免疫力，对即将到来的分娩有利。

牡蛎

牡蛎所含锌元素的量是最高的，每100克的牡蛎中锌质元素的含量已经达到了100毫克，堪称是锌元素的宝库。并且牡蛎的获取也极为方便，所以孕妈妈不妨适当地多吃一些，适当补充锌元素，为分娩助力。

孕9月饮食宜忌

越临近分娩，孕妈妈越应注意饮食规律和饮食安全，防止发生过敏、食物中毒等现象，同时可以吃一些清淡和调节情绪的食物，用健康的身体、乐观的情绪去面对分娩。

宜继续坚持少食多餐

进入怀孕的最后阶段了，孕妈妈最好继续坚持少食多餐的饮食原则。因为此时肠道很容易受到子宫的压迫，从而引起便秘或腹泻，导致营养吸收不良或者营养流失，所以，一定要增加进餐的次数，每次少吃一些，而且应吃一些口味清淡、容易消化的食物。越是接近临产，就越要多吃些含铁的动物肝、血、肉及蔬菜等。要特别注意增加有补益作用的菜肴，这能为临产积聚能量。

宜吃健康零食调节情绪

美国耶鲁大学的心理学家发现，吃零食能够缓解紧张情绪，消减内心冲突。在吃零食时，零食会通过视觉、味觉以及手的触觉等，将一种美好松弛的感受传递到大脑中枢，有利于减轻内心的焦虑和紧张。临近分娩，孕妈妈难免会感到紧张甚至恐惧，可以吃坚果、饼干等零食来缓解压力。

预防感冒宜喝的汤饮

此时孕妈妈要积极预防感冒，下面介绍几种防感冒的汤饮。

橘皮姜片茶：橘皮、生姜各10克，加水煎，饮时加红糖调味。

姜糖饮：生姜片15克，3厘米长的葱白3段，加两碗水煮沸后加红糖。

菜根汤：白菜根3个，洗净切片，加大葱根7个，煎汤加白糖，趁热服。

饮食宜清淡

孕晚期是胎宝宝加足马力、快速成长的阶段，该时期胎宝宝生长迅速，体重增加较快，对能量的需求也达到高峰。在这期间的孕妈妈容易出现下肢水肿现象。有些孕妈妈在临近分娩时心情忧虑紧张，食欲不佳。为了迎接分娩和哺乳，孕妈妈的饮食营养较之前应有所调整，宜选用对分娩有利的食物和烹饪方法，饮食以清淡为宜。

孕晚期不宜过量进食

临近分娩，为出生做准备的胎宝宝会向下滑动，这减轻了对孕妈妈胃部的压迫，孕妈妈的食欲会比前些日子有所好转，有可能出现过量进食情况。这个时候孕妈妈一定要采取分餐、慢食的办法，保持有规律、有条理的进食，以免造成营养过剩，给分娩带来困难。

不宜吃药缓解焦虑

孕期焦虑是暂时的，它的好转就像它来时那么快。孕妈妈只需要得到家人的理解与呵护，和有同样经历的妈妈讨论一下分娩经验，多分散注意力就可以了。如果靠药物来减轻这些症状，分解的药物会随着胎盘进入到胎宝宝体内，胎宝宝吸收后身体会有不良反应。

不宜在孕晚期大量饮水

整个孕期饮水都要适量。到了孕晚期，孕妈妈会容易感到口渴，这是很正常的孕晚期现象，要适度饮水，以口不渴为宜，但不宜一次性大量喝水，否则会影响进食，增加肾脏的负担，还会对即将分娩的胎宝宝不利。此时，孕晚期更应该注意科学适量地摄入水分。

不宜在孕晚期天天喝浓汤

孕晚期不宜天天喝浓汤，尤其是脂肪含量很高的汤，如猪蹄汤、鸡汤等，因为过多的高脂食物不仅让孕妈妈身体发胖，也会导致胎宝宝过大，给顺利分娩造成困难。

比较适宜的汤是富含蛋白质、维生素、钙、磷、铁、锌等营养素的清汤，如瘦肉汤、蔬菜汤、蛋花汤、鲜鱼汤等。而且要保证汤和肉一块吃，这样才能真正摄取到营养。

不宜用餐没有规律

用餐不规律，对胎宝宝和孕妈妈都没有好处。在孕期，胎宝宝完全依赖孕妈妈来获得热量。如果孕妈妈不吃饭，胎宝宝将得不到足够的营养，就会吸收孕妈妈自身所储存的营养，使孕妈妈的身体逐渐衰弱下去。如果孕妈妈不按时用餐，这一顿不吃，下一顿吃得多，那么多余的热量就会转化为脂肪储存起来。所以孕妈妈应避免过饥或过饱，要按时用餐。

本月营养餐推荐

爱的叮咛：多吃富含膳食纤维的食物

胎宝宝越来越大，压迫肠胃消化道，造成肠蠕动减慢，加上此时孕妈妈的活动量减少，所以更容易发生便秘。此时应多吃富含膳食纤维的食物，保证消化系统的畅通，如芹菜、苹果、燕麦、玉米、糙米、全麦面包等，以缓解便秘带来的不适。

冬瓜鲜虾卷

原料：冬瓜 100 克，虾 50 克，火腿、胡萝卜各半根，香菇 4 朵，盐、白糖各适量。

做法：❶ 将冬瓜去皮、瓤，洗净，切薄片；虾洗净、去虾线，剁成蓉；火腿、香菇、胡萝卜分别洗净切条。❷ 将冬瓜片用开水烫软，将胡萝卜条、香菇条分别在沸水中烫熟。❸ 将除冬瓜外的全部材料拌入盐、白糖，包入冬瓜片内卷成卷，上笼蒸熟即可。

营养：此菜能促进胎宝宝呼吸系统、消化系统和生殖系统的发育成熟。

香油芹菜

原料：芹菜 100 克，当归 2 片，枸杞子、盐、香油各适量。

做法：❶ 当归加水熬煮 5 分钟，滤渣取汁。❷ 芹菜洗净，切段，在沸水中焯过；枸杞子用冷开水浸洗。❸ 芹菜段用盐和当归水腌片刻，再放入少量香油，腌制入味，撒上枸杞子即可。

营养：芹菜中维生素含量丰富，经常食用可镇静安神、利尿消肿。而且芹菜富含膳食纤维，可预防便秘。

白菜豆腐粥

原料：大米 100 克，白菜叶 50 克，豆腐 60 克，葱丝、盐各适量。

做法：❶ 大米洗净，加水煮粥。❷ 将白菜叶洗净，切片；豆腐洗净，切块。❸ 油锅烧热，煸炒葱丝，放入白菜片、豆腐块同炒片刻。❹ 炒好后倒入粥锅中，加适量盐继续熬煮至粥熟。

营养：此粥可为孕妈妈和胎宝宝补充碳水化合物、蛋白质、锌和钙。

早餐搭配推荐

田园土豆饼(中)+香油芹菜(低)+苹果(低)

白菜豆腐粥(中)+全麦面包(中)+牛奶(低)

四季豆焖面

热量:中

原料: 四季豆200克,面条100克,酱油、料酒、葱末、姜末、蒜末、盐、香油各适量。

做法: ❶ 四季豆洗净,切段。❷ 油锅烧热后炒四季豆段,放入少量酱油、盐、料酒、葱末、姜末,少量放水炖熟四季豆段。❸ 把面条煮八成熟,均匀放在四季豆段表面,盖上锅盖,调至小火焖十几分钟;待收汤后,搅拌均匀,放蒜末、香油即可。

营养: 四季豆富含蛋白质、钙、铁、叶酸及膳食纤维等,可充分补充营养。

什锦甜粥

热量:中

原料: 大米50克,绿豆、红豆、黑豆各10克,核桃仁、葡萄干各适量。

做法: ❶ 大米淘洗干净;绿豆、红豆、黑豆洗净,提前浸泡1天。❷ 先将各种豆放入盛有适量水的锅中,煮至六成熟,加入大米,小火熬粥。❸ 将核桃仁、葡萄干放入粥中稍煮。

营养: 此粥中锌、铜含量丰富,有助于孕妈妈顺利分娩。

田园土豆饼

热量:中

原料: 土豆200克,青椒50克,沙拉酱、淀粉各适量。

做法: ❶ 土豆洗净,去皮切块;青椒洗净切末。❷ 土豆块煮熟,压成土豆泥。❸ 青椒末、沙拉酱倒入土豆泥中拌匀。❹ 将土豆泥捏成小饼,将做好的饼坯裹上一层淀粉。❺ 饼坯入油锅煎至两面金黄色即可。

营养: 香喷喷又营养丰富的土豆饼是孕妈妈的大爱。

爱的叮咛：宜增加铜的摄入

适量摄入营养素铜，可减少胎膜早破。人体内的铜，往往是以食物摄入为主，含铜量高的食物有肝、豆类、海产类、蔬菜、水果等，如果孕妈妈不偏食，多吃上述食物是不会发生铜缺乏症的，也就可以降低发生胎膜早破的概率。

西红柿培根蘑菇汤

原料：西红柿150克，培根50克，蘑菇、面粉、牛奶、紫菜、盐各适量。

做法：❶ 培根切碎；西红柿去皮后搅打成泥，与培根拌成西红柿培根酱；蘑菇洗净切片；紫菜撕碎。❷ 锅中加面粉煸炒，放入蘑菇片、牛奶和西红柿培根酱，加水调成适当的稀稠度，加盐调味，撒上紫菜。

营养：此菜含有丰富的蛋白质、锌、钙等营养成分，营养又开胃。

凉拌木耳菜花

原料：菜花200克，木耳5克，盐、香油各适量。

做法：❶ 菜花洗净，掰成小朵；木耳泡发，洗净。❷ 将菜花、木耳分别焯水，沥干。❸ 将菜花、木耳搅拌在一起，加入盐调味，淋上香油即可。

营养：菜花质地细嫩，味甘鲜美，是很好的血管清理剂，还富含维生素K，可防止孕晚期和分娩时的出血。

香菜拌黄豆

原料：香菜20克，黄豆200克，盐、姜片、香油各适量。

做法：❶ 黄豆泡6小时以上，泡好的黄豆加姜片、盐煮熟，晾凉。❷ 香菜切段拌入黄豆，吃时拌入香油即可。

营养：黄豆含钙丰富，能帮助胎宝宝储存一部分钙以供出生后所用。同时，黄豆中还含有少量锌、铜，能降低孕妈妈早产、难产的概率。

午餐搭配推荐

米饭(中) + 橙香鱼排(中) + 西红柿培根蘑菇汤(中)

香菇油菜面(中) + 香豉牛肉片(中) + 凉拌木耳菜花(低)

香豉牛肉片

原料: 牛肉200克,芹菜100克,胡萝卜半根、鸡蛋清1个,姜末、盐、豆豉、淀粉、高汤各适量。

做法: ❶ 牛肉洗净,切片,加盐、鸡蛋清、淀粉拌匀;芹菜择洗干净,切段;胡萝卜洗净,切片。❷ 将油锅烧热,下牛肉片滑散至熟,捞出。❸ 锅中留底油,放入豆豉、姜末略煸,倒入芹菜段、胡萝卜片翻炒,放入高汤和牛肉片炒至熟透。

营养: 香豉牛肉片对于孕妈妈补铁、补虚等特别适宜。

油烹茄条

原料: 茄子150克,胡萝卜半根,鸡蛋1个,水淀粉、盐、醋、葱丝、蒜片各适量。

做法: ❶ 茄子洗净去皮,切条,放入鸡蛋和水淀粉挂糊;胡萝卜洗净,切丝;碗内放盐、醋兑成汁。❷ 油锅烧热,把茄条炸至金黄色。❸ 锅内留底油,爆香葱丝、蒜片,放胡萝卜丝、茄条,迅速倒入兑好的汁,翻炒几下装盘。

营养: 茄子中钙、磷、铁含量丰富,有利于胎宝宝发育成熟。

橙香鱼排

原料: 鲷鱼1条,橙子1个,红椒10克,冬笋1根,盐、干淀粉、水淀粉各适量。

做法: ❶ 将鲷鱼处理干净,切大块;冬笋、红椒洗净,切丁;橙子取出果肉切粒。❷ 油锅烧热,鲷鱼块裹适量干淀粉入锅炸至金黄色。❸ 沸水锅中放入橙肉粒、红椒丁、冬笋丁,加盐调味,用水淀粉勾芡,浇在鲷鱼块上即可。

营养: 橙子能补充维生素,还能提高胎宝宝的免疫力,为胎宝宝出生后抵御外界感染做准备。

爱的叮咛：宜用生姜水泡脚

睡前孕妈妈可以把生姜片加水煮开，待温度降到脚可以承受时用来泡脚。生姜水泡脚不仅能缓解疲劳，还能促进血液循环，帮助入眠。有条件的可以用水桶，水量没到小腿肚以上，这对缓解孕晚期腿抽筋也特别有效。

凉拌芹菜叶

原料：芹菜嫩叶 200 克，豆腐干 40 克，盐、香油、酱油各适量。

做法：❶ 芹菜叶洗净，放开水锅中烫一下，捞出剁成细末。❷ 豆腐干放开水锅中烫一下，捞出切成小丁。❸ 将芹菜叶末和豆腐丁放入大碗中，加入所有调料拌匀即可。

营养：此菜含芹菜素、胡萝卜素、维生素 C、磷、铁等成分，可为孕妈妈补充充足营养。

鱼头海带豆腐汤

原料：鱼头 1 个，豆腐 250 克，海带 50 克，姜片、料酒、盐各适量。

做法：❶ 鱼头洗净，用加了料酒、盐的开水汆烫；豆腐切块；海带切段。❷ 将鱼头、豆腐块、海带段、姜片、料酒加水炖 30 分钟，加盐调味即可。

营养：鱼是高蛋白、低热量、营养丰富的健康食品，适合为体虚的孕妈妈补充体力。

雪菜肉丝汤面

原料：面条 100 克，猪肉丝 100 克，雪里蕻 20 克，酱油、盐、料酒、葱花、姜末、高汤各适量。

做法：❶ 雪里蕻洗净，浸泡 2 小时，捞出沥干，切碎末；猪肉丝洗净，加料酒拌匀。❷ 油锅烧热，下葱花、姜末、肉丝煸炒，肉丝变色再放入雪里蕻末翻炒，放料酒、酱油、盐，拌匀盛出。❸ 煮熟面条，舀入适量高汤，把炒好的雪里蕻肉丝覆盖在面条上即成。

营养：此汤面易消化，能为孕妈妈提供热量和营养。

爱的叮咛：不宜为控制体重而吃素

孕晚期孕妈妈的体重增长很快，但此时不能为控制体重而只吃热量低的蔬菜。素食中牛磺酸含量很少，而如果牛磺酸补充不足，会使胎宝宝智力发育迟缓、视力发育缓慢，所以孕妈妈可以选择吃清淡的荤菜，而不是完全吃素食。

加餐

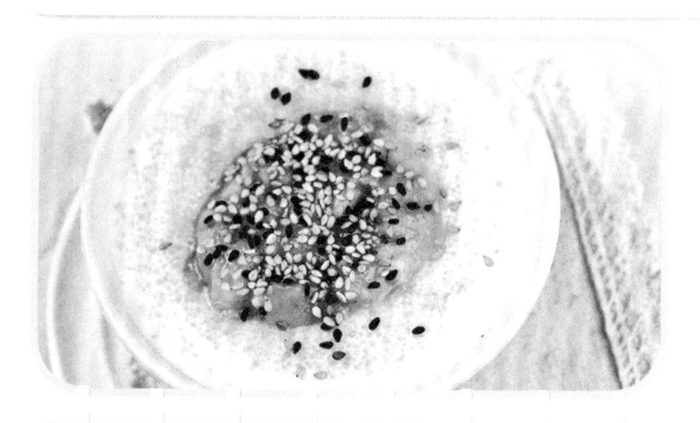

牛奶香蕉芝麻糊

原料：牛奶 250 毫升，香蕉 1 根，玉米面、白糖、熟芝麻各适量。

做法：❶ 将牛奶倒入锅中，加入玉米面和白糖，开小火，边煮边搅拌，煮至玉米面熟。❷ 将香蕉剥皮，用勺子压碎，放入牛奶糊中，再撒上熟芝麻即可。

营养：牛奶、香蕉、芝麻能让孕妈妈精神放松，同时对胎宝宝皮肤的润滑和白皙有很好的促进作用，还能补充钙和铁。

鸡蛋玉米羹

原料：玉米粒 100 克，鸡蛋 2 个，鸡肉 50 克，盐、白糖各适量。

做法：❶ 将玉米粒用搅拌机打成玉米蓉；鸡蛋打散备用；鸡肉切丁。❷ 将玉米蓉、鸡肉丁放入锅中，加适量清水，大火煮沸，转小火再煮 20 分钟。❸ 慢慢淋入蛋液，搅拌，大火煮沸后，加盐、白糖即可。

营养：这道菜中玉米性平而味甘，能调中健胃、利尿消肿，有助于孕妈妈消除水肿。

猪瘦肉菜粥

原料：大米 100 克，猪肉丁 20 克，青菜 50 克，酱油适量。

做法：❶ 大米洗净；青菜洗净，切碎。❷ 油锅烧热，倒入猪肉丁翻炒，再加入酱油，加入适量水，将大米放入锅内，煮熟后加入青菜碎，煮至熟烂为止。

营养：此粥营养丰富且易吸收，保证胎宝宝发育健康，适合孕晚期的孕妈妈食用。

孕 10 月（37~40 周）

孕 10 月，孕妈妈进入了怀孕的最后阶段，本月胎宝宝随时都有可能来到这个世界，孕妈妈准备好与宝宝见面了吗？我们的身体真是非常精妙，从怀孕开始它就在为宝宝的出生做准备。此刻孕妈妈的身体已经为宝宝的出生准备好了，孕妈妈就静静等待与宝宝见面的时刻吧！

上班族孕妈妈：孕妈妈根据自己情况选择回家待产的时间，对于高危妊娠或有早产危险的孕妈妈，则要听从医生的建议，在家休养或住院监护。

准备剖宫产的孕妈妈：如果能顺产应首选顺产，但若因身体或者胎宝宝原因无法顺产，那也无须勉强。在术前不要食用高级滋补品，如高丽参、洋参等，这些补品具有强心、兴奋作用，对手术不利。

初次生产的孕妈妈：第一次生产的孕妈妈往往对分娩有一些紧张，要注意放松心情，可以吃些缓解焦虑的食物。记得在待产期间吃些清淡食物或巧克力，以应对 12~18 个小时的分娩过程。

胎宝宝发育所需营养

胎宝宝现在身长约 50 厘米，体重约 3 200 克，有 2 个哈密瓜那么重了。胎宝宝皮肤红润，体型丰满，指（趾）甲已经超过指（趾）端，额部的发际清晰，胎头开始或者已经进入孕妈妈的骨盆入口或骨盆中，已经做好了离开子宫的准备。

铁

本月除胎宝宝自身需要储存一定量的铁之外，还要考虑到孕妈妈在生产过程中会失血，易造成产后贫血，所以，孕妈妈仍要关注铁的补充。只要保证每天 1 份补血蔬菜，三四天吃 1 次动物肝脏，一般就不会缺铁。动物血、动物肝脏、藕粉、紫菜、黑芝麻等都是补铁的好食材。

维生素 K

维生素 K 有“止血功臣”的美称，可预防宝宝出生后因维生素 K 缺乏而引起的颅内、消化道出血。建议孕妈妈每天摄入 14 毫克维生素 K，每天食用 3 份蔬菜即可摄取足够的维生素 K。富含维生素 K 的食物有蛋黄、奶酪、海藻、莲藕、菠菜、白菜、菜花、莴苣、豌豆、大豆油等。

维生素 B_{12}

本月胎宝宝的神经开始发育出起保护作用的髓鞘，这个过程将持续到出生以后。髓鞘的发育依赖于维生素 B_{12}。建议孕妈妈每天摄入 2.6 微克的维生素 B_{12}。在日常膳食中，应每天保证 2 份肉类菜肴外加 1 杯牛奶和 1 个鸡蛋。

维生素 B_{12} 几乎只存在于动物制品中，孕妈妈可以从瘦肉或家禽、奶制品中获得，如牛肉、牛肾、猪肝、鱼、牛奶、鸡蛋、奶酪等。

锌

胎宝宝对锌的需求量在孕晚期最高。孕妈妈体内储存的锌，大部分在胎宝宝的成熟期间被利用。孕晚期应保持每天补充锌 16.5 毫克，以满足胎宝宝的生长发育需要。

含锌丰富的食物如肉类中的猪肝、猪肾、瘦肉等，海产品中的鱼、紫菜、牡蛎、蛤蜊等，豆类食品中的大豆、绿豆、蚕豆等，硬壳果类中的是花生、核桃、栗子等，均可选择入食。

本月必吃缓解焦虑食材

现在孕妈妈面临着分娩的压力，很容易产生焦虑的情绪。这时孕妈妈要多想象宝宝出生的样子，听听舒缓的音乐，还可以吃些适合缓解焦虑的食材，及时调整焦虑的状态，用乐观美好的心情迎接宝宝的到来。

红枣

孕妈妈会经常烦躁、心神不宁，食用红枣可起到养血安神、舒肝解郁的作用，对于缓解孕妈妈心神不安、预防产前焦虑都有帮助。如果孕妈妈感到精神紧张和烦乱，甚至心悸、失眠和食欲不振，可以在汤中或粥中加些红枣，具有除烦去躁的功效。

西蓝花

西蓝花含有一种叫作萝卜硫素的物质，这种物质可以稳定孕妈妈的情绪，缓解焦虑。西蓝花富含维生素C和丰富的叶酸，能增强孕妈妈身体免疫力，促进铁质的吸收，保护胎宝宝的神经系统，还可以对胎宝宝的心脏起到很好的保护作用。

香瓜

香瓜中含有特殊的氨基酸，这种氨基酸被称为“快乐激素”，能帮助机体克服精神忧郁，缓解孕妈妈紧张情绪。香瓜富含糖、淀粉，还有少量蛋白质、矿物质及其他维生素。所以，孕妈妈可适量吃香瓜。

柚子

柚子中含有宝贵的天然维生素P和丰富的维生素C以及可溶性膳食纤维。维生素P能滋养组织细胞，增加体力，对振奋精神、舒缓孕期压力、抵抗沮丧有一定食疗的作用。

樱桃

樱桃中有一种叫作花青素的物质，能够帮助孕妈妈制造快乐的情绪。在心情不好的时候吃几颗樱桃，可以使你心情愉悦。

孕10月饮食宜忌

前9个月孕妈妈都辛苦地挺过来了，在最后一个月一定要坚持，尤其在饮食上，一定要格外留意，食用些增强体力的食物，有利于保证顺利分娩，但不要暴饮暴食。

临产前宜保证高能量

孕妈妈营养要均衡，体重以每周增加300克为宜。在临近预产期的前几天，适当吃一些热量比较高的食物，为分娩储备足够的体力。分娩当天吃的食物，应该选择能够快速吸收、消化的高糖或淀粉类食物，以快速补充体力。不宜吃油腻、蛋白质过多和需花太久时间消化的食物。

待产期间宜适当进食

分娩过程一般要经历12~18小时，体力消耗大，所以待产期间必须注意饮食。这个时候的饮食不仅要富有营养，还要做到易消化、口味清淡，比如吃些奶类、面条、馄饨、鸡汤等。这就需要家人提前准备好原料，按时做给孕妈妈吃，并且尽量做得色香味俱全，帮助孕妈妈增加食欲。

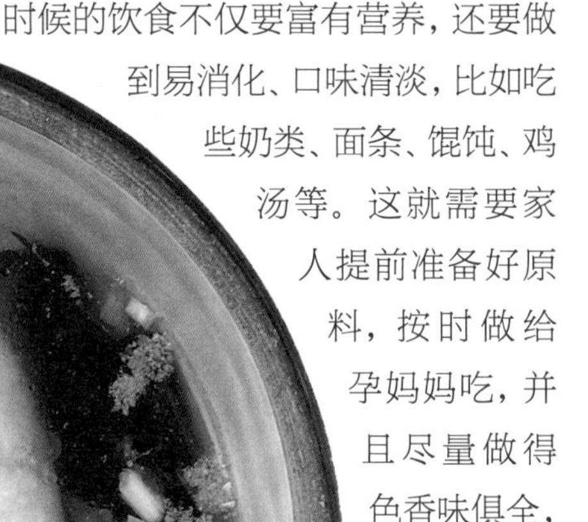

宜保持饮食的酸碱平衡

这个时期仍然强调饮食的多样化、合理性，还要保持食物的酸碱平衡。肉类、鱼类、蛋类、虾贝类等食物属于酸性食物；蔬菜、葡萄、草莓、柠檬等属于碱性食物，所以孕妈妈既要保证肉类的摄入量，也要适当地食用蔬菜、水果，以达到身体的酸碱平衡，否则会对胎宝宝的身体发育产生不利。

虽然葡萄吃起来有点酸，但它不是酸性食物，而是碱性食物。

产前宜吃巧克力和木瓜

孕妈妈在产前吃巧克力，可以缓解紧张，保持积极情绪。整个分娩过程一般要经历12~18小时，这么长的时间需要消耗很大的能量，而巧克力被誉为“助产大力士”，因此，在分娩开始和进行中，应准备一些优质巧克力，随时补充能量。

木瓜中含有一种酵素，能消化蛋白质，有利于人体对食物的消化和吸收，降低胃肠的负担。而且木瓜酵素催奶的效果显著，可以预防产后少奶。

不宜喝过夜的银耳汤

银耳汤是一种高级营养补品，但一过夜，营养成分就会减少并产生有害成分。因为不论是室内栽培的银耳还是野外生长的银耳，都含有较多的硝酸盐类，煮熟后若放的时间比较久，在细菌的分解作用下，硝酸盐会还原成对人体有害的亚硝酸盐。

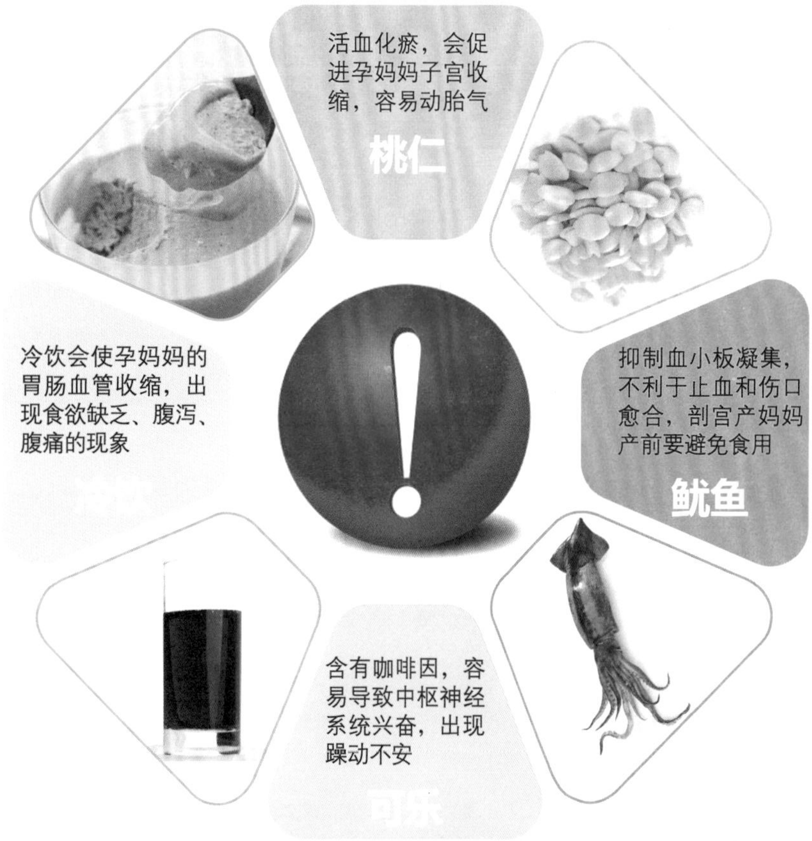

不宜吃难消化的食物

临产前，由于宫缩的干扰和睡眠的不足，孕妈妈胃肠道分泌消化液的能力降低，吃进的食物从胃排到肠里的时间由平时的 4 小时增加到 6 小时左右。因此，产前最好不吃不容易消化的食物，否则会增加胃部的不适症状。

活血化瘀，会促进孕妈妈子宫收缩，容易动胎气

桃仁

抑制血小板凝集，不利于止血和伤口愈合，剖宫产妈妈产前要避免食用

鱿鱼

含有咖啡因，容易导致中枢神经系统兴奋，出现躁动不安

可乐

冷饮会使孕妈妈的胃肠血管收缩，出现食欲缺乏、腹泻、腹痛的现象

适合临产前吃的食物应该是富含碳水化合物、蛋白质、维生素，软烂易消化吸收的，孕妈妈根据自己的口味和喜好，可选择蛋糕、面汤、稀饭、肉粥、藕粉、牛奶、果汁、苹果、香蕉、巧克力等。每天进食 4~6 次，少吃多餐。注意既不可过于饥渴，也不能暴饮暴食。

剖宫产前不宜吃东西

如果是有计划实施剖宫产，手术前要做一系列检查，以便确定孕妈妈和胎宝宝的健康状况。手术前一天，晚餐要清淡，午夜 12 点以后不要吃东西，以保证肠道清洁，减少术中感染。手术前 6~8 小时不要喝水，以免麻醉后呕吐，引起误吸。手术前注意保持身体健康，避免患上呼吸道感染等发热的疾病。

剖宫产前不宜进补人参

有的孕妈妈在剖宫产之前就进补人参，以增强体质，补元气，为手术做准备。但是，人参中含有人参糖苷，具有强心、兴奋等作用，服用后会使孕妈妈大脑兴奋，影响手术的顺利进行。另外，食用人参后，会使新妈妈伤口渗血时间延长，不利于伤口的愈合。

药物催生前不宜吃东西

在开始使用药物催生之前，孕妈妈最好能禁食数小时，让胃中食物排空。因为在催生的过程中，有些孕妈妈会出现呕吐的现象；另一方面，在催生的过程中也常会因急性胎宝宝窘迫而必须施行剖宫产手术，而排空的胃有利于减少麻醉时的呕吐反应。

本月营养餐推荐

爱的叮咛：饮食宜以清淡为主

对于即将临盆的孕妈妈来说，饮食要保证温、热、淡，对于养胎气、助胎气和分娩时的促产都有调养的效果。所以，孕妈妈现在的饮食应坚持以清淡为主，对分娩很有好处。

菠菜鸡蛋饼

原料：面粉 150 克，鸡蛋 2 个，菠菜 50 克，火腿 1 根，盐、香油各适量。

做法：❶ 面粉倒入大碗中，加适量温水，再打入 2 个鸡蛋，搅拌均匀，成蛋面糊。❷ 菠菜焯水沥干后切碎；火腿切小丁，倒入蛋面糊里。❸ 加入适量盐、香油，混合均匀。❹ 油锅烧热，倒入蛋面糊煎至两面金黄即可。

营养：菠菜鸡蛋饼中碳水化合物含量丰富，可为孕妈妈和胎宝宝补充能量。

玉米鸡丝粥

热量：中

原料：鸡肉、大米、玉米粒各50克，芹菜20克，盐适量。

做法：❶ 大米、玉米粒洗净；芹菜洗净，切丁；鸡肉洗净，煮熟后捞出，撕成丝。❷ 大米、玉米粒、芹菜丁放入锅中，加适量清水，煮至快熟时加入鸡丝，煮熟后加盐调味即可。

营养：玉米鸡丝粥不仅营养丰富，还能帮助孕妈妈缓解紧张感。

紫苋菜粥

热量：中

原料：紫苋菜 20 克，大米 50 克，香油、盐各适量。

做法：❶ 紫苋菜洗净后切碎；大米淘洗干净。❷ 锅内加适量清水，放入大米，煮至粥将成时，加入香油、紫苋菜碎、盐，煮熟即成。

营养：此粥具有清热止痢、顺胎产的作用。特别适合孕妈妈临盆时进食，能利窍、滑胎、易产，是孕妈妈临产前的保健食品。

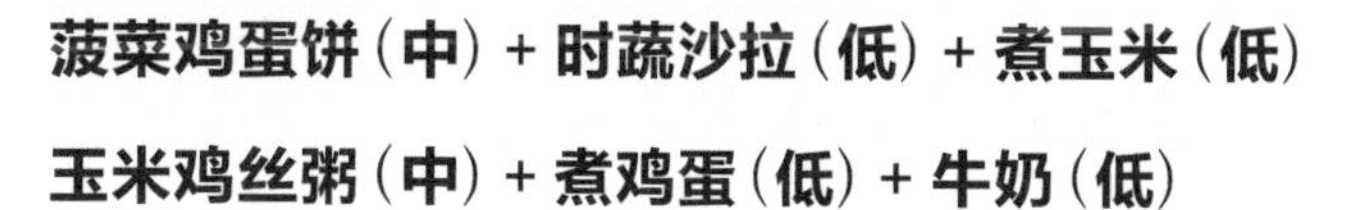

菠菜鸡蛋饼（中）+ 时蔬沙拉（低）+ 煮玉米（低）

玉米鸡丝粥（中）+ 煮鸡蛋（低）+ 牛奶（低）

陈皮海带粥

原料：海带、大米各50克，陈皮、糖各适量。

做法：❶ 将海带用温水浸软，换清水漂洗干净，切成碎末；陈皮用清水洗净。❷ 将大米淘洗干净，放入锅内，加水适量，置于火上，煮沸后加入陈皮、海带末，不时地搅动，用小火煮至粥熟，加糖调味即可。

营养：陈皮理气健胃、燥湿化痰；海带通经利水、化瘀软坚。此粥有补气养血、清热利水、安神健身的作用。孕妈妈临产时食用，能积蓄足够力气完成分娩。

小米山药粥

原料：红薯1个，山药100克，小米50克。

做法：❶ 红薯、山药分别去皮洗净，切小块；小米洗净浸泡片刻。❷ 清水开锅后把小米、红薯块和山药块入锅一起煮至熟烂即可。

营养：山药味甘，性温，能健脾益胃、助消化。小米味甘，补脾胃，治疗消化不良，肢体乏力等，可强健身体，帮助消化，让孕妈妈拥有好胃口。

小米面茶

原料：小米面150克，白芝麻10克，麻酱、香油、盐、姜粉各适量。

做法：❶ 白芝麻入锅炒至焦黄，擀碎，加入盐拌在一起。❷ 锅内加适量清水、姜粉，烧开后将小米面和成稀糊倒入锅内，略加搅拌，开锅后盛入碗内。❸ 将麻酱和香油调匀，用小勺淋入碗内，再撒入白芝麻碎即可。

营养：小米面茶能补中益气、增加营养，利于顺产。

爱的叮咛：饮食宜精不宜多

虽然分娩需要消耗很多能量，但孕妈妈也不能因此不加节制地进补，而是应该吃一些少而精的食物，如瘦肉、鱼肉、鸡肉、鸡蛋等，防止肠道充盈过度或胀气，影响顺利分娩。

猪骨萝卜汤

原料：猪棒骨 200 克，白萝卜 50 克，胡萝卜半根，陈皮 5 克，红枣 5 颗，盐适量。

做法：❶ 猪棒骨洗净，用热水汆烫；白萝卜、胡萝卜洗净，切滚刀块；陈皮浸开，洗净。❷ 煲内放适量清水，放入猪棒骨、白萝卜块、胡萝卜块、陈皮、红枣同煲 2 小时，然后用盐调味即成。

营养：白萝卜具有温胃消食、滋阴润燥的功效，适合分娩前食欲不佳的孕妈妈。

牛肉卤面

原料：面条 100 克，牛肉 50 克，胡萝卜半根，红椒 20 克，竹笋 1 根，酱油、水淀粉、盐、香油各适量。

做法：❶ 牛肉、胡萝卜、红椒、竹笋洗净，切小丁。❷ 面条煮熟，过凉水后盛入汤碗中。❸ 油锅烧热，放牛肉丁煸炒，再放胡萝卜丁、红椒丁、竹笋丁翻炒，加入酱油、盐、水淀粉，浇在面条上，最后再淋几滴香油即可。

营养：这道面食适合在产前补充体力。

彩椒三文鱼粒

原料：三文鱼、洋葱各 100 克，红椒、黄椒、青椒各 20 克，酱油、料酒、盐、香油各适量。

做法：❶ 三文鱼洗净，切丁，调入酱油和料酒拌匀，腌制备用；洋葱、黄椒、红椒和青椒分别洗净，切成丁。❷ 油锅烧热，放入腌制好的三文鱼丁煸炒，加入剩余食材和盐、香油，翻炒熟即可。

营养：此菜能进一步提高胎宝宝的智力和视力水平。

午餐搭配推荐

牛肉卤面(中) + 口蘑肉片(中) + 清炒圆白菜(低)

米饭(中) + 猪骨萝卜汤(中) + 彩椒三文鱼粒(低)

口蘑肉片

热量:中

原料: 瘦肉100克,口蘑50克,葱末、盐、香油各适量。

做法: ❶ 瘦肉洗净后切片,加盐拌匀;口蘑洗净,切片。❷ 油锅烧热,爆香葱末,放入瘦肉片翻炒,再放入口蘑片炒匀,加盐调味,最后滴几滴香油即可。

营养: 此菜营养丰富,味道鲜美,且口蘑中富含硒和膳食纤维,在帮助孕妈妈补充营养素的同时还可预防便秘。

鲶鱼炖茄子

原料: 鲶鱼1条,茄子200克,葱段、蒜末、姜丝、香菜段、白糖、黄酱、盐各适量。

做法: ❶ 将鲶鱼处理干净,鱼身划刀;茄子洗净,切条。❷ 油锅烧热,用葱段、蒜末、姜丝炝锅,炒出香味后放黄酱、白糖翻炒。❸ 加适量水,放入茄条和鲶鱼,炖熟后,加盐、香菜段调味即可。

营养: 鲶鱼具有滋阴养血、补中气、开胃、利尿的作用,是孕妈妈食疗滋补的必选食材之一。

鸭血豆腐汤

原料: 鸭血250克,豆腐1块,高汤、米醋、盐、淀粉、胡椒粉、香菜叶各适量。

做法: ❶ 鸭血、豆腐洗净切块或切丝。❷ 将鸭血、豆腐放入煮开的高汤中炖熟,加米醋、盐、少许胡椒粉调味,以淀粉勾薄芡,最后撒上香菜叶。

营养: 豆腐是补钙高手,鸭血能满足孕妈妈对铁质的需要,酸辣口味能调动孕妈妈的胃口,是待产时的好选择。

爱的叮咛：晚餐多吃点蔬菜

在胎宝宝胎头下降入盆后，孕妈妈胸腹憋闷的症状得以缓解，食欲会变好，但这时候不能吃太多，以免影响分娩，尤其是晚餐不要吃得过于油腻，容易积累脂肪，可以多吃点蔬菜，既清爽可口，又能补充各种维生素。

珍珠三鲜汤

原料：鸡肉、胡萝卜、豌豆各 50 克，西红柿 100 克，鸡蛋清、盐、淀粉各适量。

做法：❶ 豌豆洗净；胡萝卜、西红柿洗净切丁；鸡肉洗净剁成肉泥。❷ 把鸡蛋清、鸡肉泥、淀粉放一起搅拌捏成丸子。❸锅中添水，加入所有食材煮熟，加盐调味即可。

营养：鸡肉中含有多种氨基酸，与富含维生素 B_1 的豌豆同食，对孕妈妈的身体大有裨益。

麻酱油麦菜

原料：油麦菜 200 克，盐、蒜、芝麻酱各适量。

做法：❶ 油麦菜洗净，切长段备用。❷ 芝麻酱加入凉开水稀释，搅拌成均匀的麻酱汁，加盐调味；蒜切碎末备用。❸ 将调好的芝麻酱淋在油麦菜段上，撒上蒜末即可。

营养：油麦菜的膳食纤维丰富，而芝麻酱内铁的含量非常丰富，同油麦菜一起凉拌食用，既能帮助孕妈妈消化，又能补充钙质。

荷塘小炒

原料：莲藕、胡萝卜、荷兰豆各 50 克，木耳 30 克，蒜末、盐、高汤各适量。

做法：❶ 莲藕、胡萝卜分别去皮洗净，切片；荷兰豆去筋，洗净；木耳泡发后洗净，撕小片。❷ 油锅烧热，用蒜末炝锅，将莲藕片、胡萝卜片、荷兰豆、木耳片倒入翻炒，加盐炒匀，再加适量高汤炒熟即可。

营养：此菜色香味俱全，且营养丰富，非常适合孕妈妈食用。

爱的叮咛：待产期间适当进食可消除紧张

分娩时越紧张，越容易增加疼痛，延长分娩时间。孕妈妈在待产期适当进食，可以消除临产前的肌肉紧张，以便顺利分娩。

香菇鸡丝面

原料：面条、鸡肉各100克，香菇2朵，油菜、盐、料酒各适量。

做法：❶ 香菇洗净，切十字花刀；鸡肉切丝用料酒腌制5分钟。❷ 油锅烧热放入鸡肉丝煸炒，加香菇、盐炒熟，盛出。❸ 面条、油菜煮熟，盛入碗中，把鸡肉丝、香菇铺在面条上即可。

营养：香菇富含B族维生素、蛋白质和钾、磷、钙等多种矿物质，这道主食营养丰富，美味易消化。

板栗糕

原料：板栗100克，白糖、糖桂花各适量。

做法：❶ 板栗煮熟后，剥去外皮，取果肉备用。❷ 将煮透的板栗捣成泥，加入白糖、糖桂花，隔着布搓成板栗面，擀成长方形片，在表面撒上一层糖桂花，压平，将四边切齐，再切成块，码在盘中。

营养：板栗中富含碳水化合物，可为孕妈妈补充体力。

香蕉银耳汤

原料：银耳20克，香蕉1根，冰糖、枸杞子各适量。

做法：❶ 银耳泡发洗净，撕小朵；香蕉去皮，切块；枸杞子洗净。❷ 银耳放入碗中，加入清水，放蒸锅内蒸30分钟取出；再与香蕉片、枸杞子一同放入汤锅中，加清水，用中火煮10分钟，最后加入冰糖。

营养：香蕉中含有蛋白质、抗坏血酸、膳食纤维等营养物质，对预防孕期抑郁症有一定作用。

坐月子

完成分娩让新妈妈长舒一口气，看着可爱的小宝宝，是不是很开心呢？不过接下来坐月子也不能掉以轻心。坐好月子养一生，快来学习坐月子的知识吧。

顺产妈妈：顺产妈妈产后稍微休息一下就可以吃第一餐，主要以易消化的流食或半流食为主，从第二餐便可开始正常饮食。

剖宫产妈妈：剖宫产术后 6 小时内应禁食，待术后 6 小时后，可以喝一点温开水，刺激肠蠕动，等到排气后，才可进食。刚开始进食的时候，应选择流质食物，然后由软质食物向固体食物渐进。可以多吃些富含蛋白质、维生素 A、维生素 C 的食物，有利于伤口愈合。

哺乳妈妈：哺乳期新妈妈一定要不偏食、不挑食，粗粮、细粮、荤、素等食物都要适当进食，这样才能提高乳汁质量。还要摄入充足的水分，以分泌更多的乳汁。哺乳期间，新妈妈应尽量少吃或不吃刺激性食物，不宜喝茶、咖啡、可乐等饮品。

非哺乳妈妈：回乳最好采取食疗法，食用炒麦芽、韭菜等回乳食物，少用回乳的西药和回奶针等。同时，可适当减少水分的摄入量，少喝些汤汤水水，但并不意味着禁止新妈妈喝水。不要因为无法进行母乳喂养就心生愧疚，多给宝宝一些爱和关怀，宝宝一样会健康成长。

产后必吃 10 种滋补食材

产后新妈妈需要度过一个短暂的身体休整期，在这段时间里，需要通过吃营养丰富的食物来帮助身体恢复。要吃哪些食物呢？我们来一起看一下吧。

南瓜

南瓜不仅营养丰富，其所含的果胶还可帮助新妈妈清除体内的毒素。另外，南瓜中锌含量丰富，常食对新妈妈和宝宝都十分有利。

核桃

核桃有助于新妈妈润肤、乌发。另外，核桃中含有丰富的 DHA，通过母乳喂养促进宝宝的大脑发育。

红豆

红豆具有良好的润肠通便、利尿作用。可帮助新妈妈消除肿胀感，排出体内多余的水分。同时，红豆还有很好的催乳作用。

乌鸡

与一般鸡肉相比，乌鸡中蛋白质、维生素 B_2、烟酸、维生素 E、磷、铁、钾、钠的含量更高，而胆固醇和脂肪含量更少，非常适合产后新妈妈进补之用。

乌鸡对改善产后出虚汗有一定的作用。

玉米

玉米是各类主食中营养价值较高的一种，富含多种人体所需氨基酸和膳食纤维，可帮助新妈妈增进肠胃蠕动，预防产后便秘。

玉米有“长寿食品”的美称，含有的成分具有明显的抗衰老作用。

牛肉

牛肉富含人体所需的多种必需氨基酸、蛋白质、脂肪、维生素 B_1、维生素 B_2、烟酸、钙、铁、磷等成分，具有补脾和胃、益气增血、强筋壮骨的作用，非常适合新妈妈补益身体食用。

鲫鱼

鲫鱼含有丰富的蛋白质，并且十分利于人体吸收。其肉嫩味鲜，可做粥、做汤、做菜、做小吃等，尤其适于做汤，具有较强的滋补作用，特别适合新妈妈食用。另外，鲫鱼还具有催乳作用，奶少的新妈妈可多吃些。

山药

山药含有多种营养素，有强健机体、益气补脾、帮助消化等作用，是产后新妈妈滋补及食疗的佳品。

白萝卜

白萝卜含丰富的维生素 C 和矿物质锌，有助于增强机体的免疫功能，并且能促进胃肠蠕动，增加食欲，帮助消化，更是剖宫产妈妈排气的好助手。

虾

虾营养丰富，且其肉质松软，易消化，富含磷、钙，对产后乳汁分泌较少、胃口较差的新妈妈有补益功效。

清蒸大虾能较好地保留虾的营养。

月子饮食宜忌

新妈妈的饮食要富含蛋白质，尤其要多摄入优质的动物蛋白，如鸡肉、鱼类、瘦肉、动物肝脏、动物血等。多吃蔬菜和水果，以防产后便秘。不吃酸辣食物，少吃甜食，这些食物会刺激胃肠。

产后第 1 周宜吃排毒、开胃的食物

产后第 1 周也称为新陈代谢周。怀孕时女性体内贮留的毒素、多余的水分、废血、废气，都会在这一阶段排出。第 1 周的饮食要以排毒为先。

产后最初几天，因为身体虚弱，新妈妈的胃口会非常差。如果大鱼大肉地猛补，只会适得其反。此时新妈妈的饮食适宜清淡些，如素汤、肉末蔬菜等，同时多吃橙子、柚子、猕猴桃等有开胃作用的水果。

产后第 2 周宜吃补血食物

进入月子的第 2 周，新妈妈的伤口基本上愈合了，胃口也明显好转。从第 2 周开始，可以尽量吃一些补血食物，以调理气血，促进内脏收缩，如猪心、红枣、猪蹄、红衣花生、枸杞子等。

产后第 3 周宜吃滋补食物

第 3 周是“滋养进补周”，可以吃补养品并进行催奶。鲫鱼汤、猪蹄汤、排骨汤等都是很好的催奶汤品。第 3 周开始至哺乳期结束，菜谱应以品种丰富、营养全面为主。

排骨汤中加入胡萝卜、玉米等，营养更全面。

产后第 4 周宜吃调理食物

第 4 周，新妈妈身体的各个器官都在逐渐恢复到孕前状态，需要更多的营养来帮助运转，以尽快提升元气。无论是需要哺乳的新妈妈，还是不需要哺乳的新妈妈，进补都不可掉以轻心，本周可是恢复健康的关键时期。用汤汤水水调理身体，可以在促进身体恢复的同时还让新妈妈拥有了好肤色。

宜喝生化汤排毒

生化汤是一种传统的产后方，能“生”出新血，“化”去旧瘀，可以帮助新妈妈排出恶露，但是饮用要适当，不能过量，否则有可能增大出血量，不利于子宫修复。

一般顺产的新妈妈在无凝血功能障碍、血崩或伤口感染的情况下，可以在产后3天服用，连服7~10剂；剖宫产新妈妈则建议最好推迟到产后7天以后再服用。生化汤要连续服用5~7剂，每天1剂，每剂平均分成3份，在早、中、晚三餐前，温热服用。不要擅自加量或延长服用时间。

剖宫产后先排气再吃东西

选择剖宫产的妈妈千万要牢记一点：术后6小时内应当禁食。因为手术容易导致肠道功能受到抑制，肠蠕动减慢，肠腔内有积气，因此术后会有腹胀感。手术6小时后可饮用些排气类的汤，如萝卜汤、冬瓜汤等，以增强肠蠕动，促进排气。新妈妈排气后，可以选择鸡蛋汤、粥、面条等半流食，然后依新妈妈的体质，再将饮食逐渐恢复到正常。

宜循序渐进催乳

新妈妈产后的催乳，也应根据生理变化特点循序渐进，不宜操之过急。尤其是刚刚生产后，新妈妈胃肠功能尚未恢复，乳腺才开始分泌乳汁，乳腺管还不够通畅，不宜食用大量油腻催乳食品。在烹调中少用煎炸，多用炖、煮的烹调方式；饮食要以清淡为宜，遵循“产前宜清，产后宜温”的传统；少食寒凉食物，避免进食影响乳汁分泌的麦芽等。

宜继续补钙补铁

宝宝的营养都需要从新妈妈的乳汁中摄取。如果新妈妈摄入的钙不足，就要动用骨骼中的钙去补足。所以新妈妈产后补钙不能懈怠，每天最好能保证摄入1 200毫克。如果新妈妈出现了腰酸背痛、肌肉无力、牙齿松动等症状，说明身体已经严重缺钙了。

另外，新妈妈在分娩时流失了大量的铁，产后缺铁是比较常见的现象，母乳喂养的新妈妈更易缺铁。哺乳期新妈妈每天摄入25毫克铁才能满足母子的需求。

不宜喝过多的红糖水

虽然红糖是一种非常好的月子食物，但是产后新妈妈一定要注意千万不可以过量食用。红糖水也不能喝得太久，否则，对身体非但无益反而有害，一般最好不要超过10天。因为过量食用红糖，有可能增加血性恶露量，新妈妈易发生缺铁性贫血，影响身体健康。而且红糖水成分单一，比起其他食物来，为新妈妈提供的营养较少，且多喝会影响其他食物的摄入。

剖宫产妈妈每餐不要吃得过饱

由于在剖宫产手术时肠道会受到刺激，胃肠道正常功能被抑制，肠蠕动变慢。如果在术后几天吃得过多，会使肠内代谢物增多，延长在肠道中滞留的时间，不仅会造成便秘，而且产气增多，腹压增高，不利于剖宫产妈妈的身体恢复。因此，剖宫产妈妈术后几天不宜吃得过饱。

不宜吃寒凉性食物

由于分娩消耗大量体力，产后新妈妈体质大多是虚寒的。中医主张月子里的饮食要以温补为主，忌食寒凉食物，否则易伤脾胃，使产后气血不足，难以恢复。需注意，寒凉性食物不仅包括物理意义上为冷的食物，如冷饮和冰箱储藏食物等，还包括物性寒凉的食物：海鲜类食物如螃蟹、蛤蜊、田螺等；水果类食物如柿子、猕猴桃、西瓜等；蔬菜类食物如马齿苋、木耳菜、莼菜、草菇、苦瓜等。

不宜偏食、挑食

很多新妈妈觉得好不容易生下了宝宝，终于可以不用在吃上顾虑那么多了，赶紧挑自己喜欢吃的进补吧，殊不知，不挑食、不偏食比大补更重要。因为新妈妈产后身体的恢复和宝宝营养的摄取均需要大量各类营养成分，新妈妈千万不要偏食和挑食，要讲究粗细搭配、荤素搭配。这样既可保证各种营养的摄取，还可使食物的营养价值最大化，对新妈妈身体的恢复很有益处。

不宜过早吃醪糟蒸蛋

鸡蛋配醪糟是一道传统的民间增乳食品，营养、口感都很好。鸡蛋中含有人体必需的 18 种氨基酸，且配比恰当，吸收率达 95%。但醪糟蒸蛋有活血作用，新妈妈最好在恶露干净、伤口愈合后再吃，不然会刺激子宫，引起出血。

脂肪不宜摄入太多

怀孕期间，孕妈妈为了准备生产及产后哺乳而储存了不少的脂肪，再经过产后滋补，又给身体增加了不少负荷。若再吃含油脂过多的食物，乳汁会变得浓稠，而对于吃母乳的宝宝来说，宝宝的消化器官是承受不了的。再者，新妈妈摄入过多脂肪还会增加患糖尿病、心血管疾病的风险。

不宜急于吃老母鸡

炖一锅鲜美的老母鸡汤，是很多家庭给新妈妈准备的滋补品。其实，产后哺乳的新妈妈不宜立即吃老母鸡。因为老母鸡中含有一定量的雌激素，产后马上吃，就会使新妈妈血液中雌激素的含量增加，抑制泌乳素发挥作用，从而导致新妈妈乳汁不足，甚至回奶。此时最好选择用公鸡炖汤。

不宜吃过咸的食物

过咸的食物含有较多的钠盐，而钠盐可使过多的水潴留在体内，造成新妈妈水肿。另外，还有引起新妈妈高血压的风险。

新妈妈摄入过多的盐，也会在一定程度上增加乳汁中盐的含量，宝宝吃了含盐高的母乳会增加肾脏的负担。虽然食物不能太咸，但也没必要完全不放盐，注意饮食清淡即可。

不宜食用辛辣燥热食物

产后新妈妈大量失血、出汗，加之组织间液也较多地进入血液循环，故机体阴津明显不足，而辛辣燥热食物均会伤津耗液，使新妈妈上火、口舌生疮、大便秘结或痔疮发作，而且会通过乳汁使宝宝内热加重。因此，新妈妈应忌食韭菜、蒜、辣椒、胡椒、小茴香、酒等。

忌过多服用营养品

新妈妈最好以天然食物为主，不要过多服用营养品。目前，市场上有很多保健食品，有些人认为分娩让新妈妈大伤元气，要多吃些保健品补一补。这种想法是不对的，月子里应该以天然绿色的食物为主，尽量少食用或不食用人工合成的各种补品。

定制月子餐

早餐

爱的叮咛：饮食应多样化

新妈妈产后身体的恢复和宝宝身体的发育均需要充足而均衡的营养，因而新妈妈千万不要偏食，粗粮和细粮都要吃，还要搭配杂粮，这样既可保证各种营养的摄取，还可与蛋白质起到互补的作用，将食物的营养价值最大化，对新妈妈身体的恢复很有益处。

栗子桂圆粥

热量：中

原料： 糯米 50 克，桂圆肉 9 枚，牛奶 250 毫升，栗子适量。

做法： ❶ 将糯米、桂圆肉洗好后，清水浸泡 1 小时；栗子煮熟，取果肉，切碎。❷ 将糯米、桂圆肉、栗子碎和泡米水放入锅中，加适量水，大火煮沸后换小火煮 20 分钟。❸ 然后放入牛奶，小火煮 10 分钟即可。

营养： 桂圆补气养神，糯米能促进肠胃蠕动，利于排毒，可以预防产后便秘。

面条汤卧蛋

热量：中

原料： 面条 100 克，羊肉丝、菠菜叶各 50 克，鸡蛋 1 个，葱花、姜丝、酱油、香油、盐各适量。

做法： ❶ 将羊肉丝用酱油、盐、姜丝和香油拌匀腌一会儿。❷ 开水锅中下入面条，将鸡蛋打破整个卧入汤中并转小火煮熟。❸ 加入羊肉丝和菠菜叶略煮，最后加盐调味，放入葱花即可。

营养： 面条是北方新妈妈坐月子必备的食物，能快速补充体力。

花生猪蹄大米粥

热量：中

原料： 猪蹄 1 个，花生 20 克，大米 50 克。

做法： ❶ 猪蹄去毛洗净，切块，放入开水中汆去血沫；花生、大米洗净。❷ 锅中放入大米、花生和猪蹄块，加适量水，大火烧沸后改小火，熬煮至熟。

营养： 猪蹄可补血、通乳、养颜，适合哺乳妈妈食用。

早餐搭配推荐

紫米杂粮粥（中）+ 清炒油麦菜（低）+ 煮鸡蛋（低）

面条汤卧蛋（中）+ 煮玉米（低）+ 蒸苹果（低）

爆鳝鱼面

热量：中

原料： 鳝鱼1条，青菜20克，面条100克，盐、酱油、葱段、姜片、高汤、料酒各适量。

做法： ❶ 将鳝鱼处理干净，剁成长条；青菜洗净。❷ 鳝鱼段放入热油锅内，煎至金黄色，加入青菜、姜片、葱段翻炒。❸ 加高汤、酱油、盐、料酒烧沸后加入面条煮熟即可。

营养： 鳝鱼中含有丰富的DHA和卵磷脂，可以帮助哺乳妈妈改善记忆，并能通过乳汁促进宝宝的大脑发育。

紫米杂粮粥

热量：中

原料： 紫米、大米、糙米各50克，白糖适量。

做法： ❶ 紫米、大米、糙米洗净，入清水中浸泡2小时。❷ 所有材料放入锅中，加入适量水煮开。❸ 转小火边搅拌边熬煮，至米烂粥浓时，加入白糖调味。

营养： 紫米杂粮粥不仅可帮助新妈妈补充营养，而且有排出体内多余水分的作用，是产后初期瘦身的理想食物。

冬瓜肉末面条

热量：中

原料： 冬瓜150克，肉末50克，面条100克，盐、香油各适量。

做法： ❶ 冬瓜去皮，洗净后切块。❷ 锅中放清水，水开后放面条，待面条八成熟时放入肉末、冬瓜，煮至冬瓜断生，加入盐调味，淋上香油即可。

营养： 冬瓜有利水消肿的功效，可以缓解产后水肿引发的虚胖。

爱的叮咛：产后蔬菜、水果不可少

传统习俗不让新妈妈在月子里吃蔬菜、水果，怕损伤脾胃和牙齿。其实，新鲜蔬菜和水果中富含维生素、矿物质、果胶及足量的膳食纤维。这些食物既可增加食欲、防止便秘、促进乳汁分泌，还可为新妈妈提供必需的营养素，能帮助新妈妈尽快恢复姣好身材。

什菌一品煲

原料：香菇30克，猴头菌、草菇、平菇、白菜心各50克，素高汤、葱段、盐各适量。

做法：❶ 香菇洗净，去蒂，划花刀；平菇、草菇洗净后切块；白菜心掰开成单片。❷ 锅内放入素高汤、葱段，大火烧开。❸ 再放入所有食材，大火烧开，转小火煲20分钟，加盐调味即可。

营养：这款什菌汤味道香浓，具有很好的开胃作用，很适合产后虚弱、食欲不佳的新妈妈食用。

迷你八宝冬瓜盅

原料：冬瓜1个，鸡肉、蟹柳、虾仁、熟火腿、鲜带子各50克，枸杞子、姜末、盐各适量。

做法：❶ 冬瓜横切，挖空瓜肉，壳留用。❷ 将冬瓜肉、鸡肉、蟹柳、熟火腿切丁，与其余所有原料混合拌匀。❸ 将拌匀的食材放在冬瓜壳中，盖上冬瓜盖，上锅蒸熟即可。

营养：丰富的食材，多元的营养，可为新妈妈提供充足的营养。

香油猪肝汤

原料：猪肝100克，香油、米酒、姜片各适量。

做法：❶ 猪肝洗净，切成薄片备用。❷ 锅内倒香油，小火烧至油热后加入姜片，煎至浅褐色。❸ 再将猪肝片放入锅内大火快速煸炒，煸炒5分钟后，将米酒倒入锅中。❹ 用小火煮至完全没有酒味即可。

营养：由小火煎过的香油温和不燥，有促进恶露排出、增加子宫收缩的功效。猪肝还可以改善产后贫血。

午餐搭配推荐

牛奶馒头（中）+ 烧鲫鱼（低）+ 什菌一品煲（低）

二米饭（中）+ 猪排炖黄豆芽汤（中）+ 双菇炒西蓝花（低）

烧鲫鱼

原料：荷兰豆 30 克，鲫鱼 1 条，盐、姜片、葱段、盐各适量。

做法：❶ 将鲫鱼处理干净；荷兰豆择洗干净，切成块。❷ 油锅烧热后，爆香姜片和葱段，放入鲫鱼煎至金黄色。❸ 加入盐、荷兰豆和适量的水，将鲫鱼烧熟，最后用盐调味即可。

营养：鲫鱼有健脾利湿、和中开胃、活血通络的功效，对产后新妈妈有很好的滋补食疗作用。

四物炖鸡汤

原料：乌鸡 1 只，川芎 6 克，当归、白芍、熟地各 10 克，盐、姜片、葱段、料酒各适量。

做法：❶ 乌鸡处理干净，入沸水氽烫，捞出。❷ 当归、川芎、白芍、熟地洗净，装入双层纱布袋中做成药包。❸ 将乌鸡和药包放入锅中，加水煮沸，撇去浮沫，加姜片、葱段、料酒，小火炖至鸡肉软烂，加盐调味，除去药包即成。

营养：此汤可补血养血，有助于新妈妈产后恢复。

猪排炖黄豆芽汤

原料：猪排 150 克，黄豆芽 50 克，葱段、姜片、盐各适量。

做法：❶ 将猪排洗净后，斩成 4 厘米长的段，放入沸水中氽去血沫。❷ 砂锅内放入热水，将猪排段、葱段、姜片一同放入锅内，小火炖 1 小时。❸ 之后放入黄豆芽，用大火煮沸，再用小火炖 15 分钟，放入适量盐调味即可。

营养：猪排为滋补强壮、营养催乳的佳品，可缓解产后新妈妈频繁喂奶的疲劳。

南瓜牛腩饭

热量:中

原料：米饭、牛肉各100克，南瓜、胡萝卜各50克，高汤、盐、葱花各适量。

做法：❶ 牛肉洗净切丁；南瓜、胡萝卜分别洗净切丁。❷ 将牛肉放入锅中，用高汤煮至八成熟，加入南瓜丁、胡萝卜丁、盐，煮至全部熟软，浇在米饭上，撒上葱花即可食用。

营养：牛肉香中混合着南瓜淡淡的甜香，开胃又营养。

虾仁馄饨

热量:中

原料：虾仁、猪肉各200克，胡萝卜半根，盐、香油、葱、姜、馄饨皮各适量。

做法：❶ 将虾仁、猪肉、胡萝卜、葱、姜放在一起剁碎，加入香油、盐拌匀，调成馅。❷ 把馅料包入馄饨皮中。❸ 包好的馄饨放在沸水中煮熟。❹ 将馄饨盛入碗中，再加盐、葱末、香油调味即可。

营养：胡萝卜有益肝明目的作用，虾仁含有丰富的蛋白质和钙，且通乳作用较强。

海带萝卜排骨汤

热量:中

原料：猪排300克，白萝卜100克，海带、葱段、姜片、盐各适量。

做法：❶ 猪排洗净，汆去血沫；白萝卜洗净切片；海带洗净切段。❷ 将猪排、葱段、姜片、清水放入锅内煮1小时。❸ 放入白萝卜片、海带段，用小火炖至熟透，放少许盐调味即可。

营养：产后缺钙的新妈妈可尝试煲煮此汤，每天适当饮用。

爱的叮咛：适量加餐更营养

坐月子期间，新妈妈的胃口容易变差，所以除了一日三餐的正常饮食外，可以在两餐之间适当加餐。加餐不必像正式的餐点，可以榨水果汁、热1杯牛奶，配上几颗坚果，或者冲调1碗五谷粉糊，煮个水果甜汤都可以。

益母草木耳汤

原料：益母草、枸杞子各10克，木耳5克，冰糖适量。

做法：❶益母草洗净后用纱布包好，扎紧口。❷木耳泡发后，去蒂洗净，撕成小片。❸枸杞子洗净，备用。❹清水锅中放益母草药包、木耳、枸杞子，用中火煎煮30分钟。❺出锅前取出益母草药包，放入冰糖调味即可。

营养：木耳富含植物胶原成分，它具有较强的吸附作用，是新妈妈排出体内毒素的好帮手。

花生红豆汤

原料：红豆、花生各30克，糖桂花适量。

做法：❶红豆与花生清洗干净，并用清水泡2小时。❷将泡好的红豆与花生连同清水一并放入锅内，开大火煮沸。❸煮沸后改用小火煲1小时。❹出锅时将糖桂花放入即可。

营养：花生和红豆都有很好的补血作用。

阿胶核桃仁红枣羹

原料：阿胶50克，核桃仁10克，红枣6颗。

做法：❶核桃仁掰小块；红枣洗净。❷把阿胶砸碎，加入20毫升的水一同放入瓷碗中，隔水蒸化。❸将红枣、核桃仁放入砂锅内，加清水用小火慢煮20分钟。❹将阿胶放入砂锅内，与红枣、核桃仁煮熟即可。

营养：核桃仁可促进产后子宫收缩，阿胶可减轻产后新妈妈出血过多引起的气短、乏力、头晕、心慌等症状。

附录　孕产期不适特效食疗方

妊娠糖尿病食疗方

妊娠糖尿病

怀孕后孕妈妈体内生成一些抗胰岛素物质，出现血糖升高和尿糖，这就是患妊娠糖尿病的主要原因。同时，饮食结构不合理，营养过剩，高糖、高脂肪食物摄取过多，都容易引发妊娠糖尿病。

食疗方名称	做法
煮豆腐	将嫩豆腐切成小方块；胡萝卜切成细丝。豆腐、胡萝卜与苋菜一起放入锅中与高汤同煮，开锅后加盐调味，起锅后加入葱花即可。
土茯苓猪骨汤	将猪骨打碎，加水煮汤约 2 小时，去骨及浮油。放入 50~100 克土茯苓，再煎半小时，去渣。每天 1 剂，分 2 次服用。

妊娠高血压疾病食疗方

妊娠高血压疾病

妊娠高血压疾病是妊娠期女性特有且比较常见的疾病。妊娠期有血压偏高的孕妈妈平时要保持心情舒畅，精神放松；卧床休息时采取左侧卧位；注意控制体重；尽量少吃或不吃糖果、点心、甜饮料、油炸食品及高脂食品；不吃太咸或含钠高的食物。

食疗方名称	做法
海带炒干丝	海带用水发透，切成丝；豆腐干切细丝。油锅加热至八成时，先放入干丝翻炒，再放入海带丝，加盐、水。煮沸 10 分钟后，炒匀，再煮沸 10 分钟即可。
罗布麻鸭块	罗布麻叶洗净；鸭肉切块。鸭肉块在沸水中煮一下，去浮沫。罗布麻叶装入布袋中，扎口后与鸭肉块同时放锅中，加盐、水，炖 2 小时即可食用。
山药枸杞黑鱼汤	淮山药、枸杞子洗净；黑鱼处理干净。油锅烧热，下黑鱼稍煎一下，加水、姜块、葱段，煮沸 10 分钟。捞去姜葱，加山药、枸杞子，再煮至鱼汤变乳白色即可。

孕吐食疗方

孕吐

孕期呕吐的主要症状就是恶心、呕吐。为了克服晨吐症状，孕妈妈早晨可以在床边准备一杯水、一片面包，或一小块水果、几粒花生，它们会帮孕妈妈抑制强烈的恶心感。平时避免吃过于油腻、味道过重的食物。孕吐是正常的生理反应，多数孕妈妈一两个月就会过去，因此不必过于担心。

食疗方名称	做法
粟米丸子	将粟米粉加适量清水，揉成粉团，再用手搓成长条状，做成小丸子，备用。锅置火上，加入适量清水，大火煮沸，将丸子下入锅内，小火煮至丸子浮在水面后再煮三四分钟，加盐调味即可。
香菜萝卜	白萝卜洗净，去皮，切成片。香菜洗净，切成小段。油锅烧热，下入白萝卜片煸炒，炒透后加适量盐，小火烧至烂熟时，再放入香菜段即可。
胡椒葱段鲫鱼	鲫鱼处理干净，用清水洗净，沥水；葱洗净，切成段；姜去皮，洗净，切丝。把植物油、盐拌匀放入鱼腹，用淀粉封刀口，把葱段、姜丝铺在鱼身上，放入适量料酒，撒上胡椒粉，隔水蒸熟食用。

补钙食疗方

补钙

孕妈妈在怀孕期间身体会流失大量的钙，因为胎宝宝发育所需要的钙全部来源于母体。孕妈妈可多吃些含钙丰富的食物，如奶和奶制品、动物肝脏、蛋类、豆类、坚果、虾皮、芝麻酱、紫菜、海产品及一些绿色蔬菜。但要注意饮食搭配，防止与含植酸和草酸丰富的食物如菠菜、竹笋等同食，会影响钙的吸收。

食疗方名称	做法
奶汁烩生菜	把生菜、西蓝花切小块。油锅烧热，倒入切好的菜翻炒，加盐调味，盛盘，西蓝花放在中央。煮牛奶，加一些高汤，用盐、淀粉调味，熬成稠汁，浇在菜上。
松仁海带	松子仁洗净，水发海带洗净，切成细丝。 锅置火上，放入鸡汤、松子仁、海带丝用小火煨熟，加盐调味即成。
银鱼豆芽	银鱼汆水沥干，豌豆煮熟。油锅加热，葱花爆香，炒豆芽、银鱼及胡萝卜丝，略炒后加入煮熟的豌豆炒匀即可。也可调成糖醋味。

下奶食疗方

	食疗方名称	做法
下奶 有些新妈妈很想母乳喂养，可奶水很少。新妈妈应该适当增加一些富含蛋白质的食物，如瘦肉、鸡蛋等，尤其要喝些有催乳作用的汤，如鸡汤、猪蹄汤、鲫鱼汤等。	木耳葱爆河虾	河虾去沙线，入水汆烫至熟。香葱洗净，切成段；木耳择洗干净，备用。油锅烧热，爆香葱段，再下入河虾、木耳及盐调味炒匀，出锅淋香油拌匀即成。
	猪蹄通草汤	猪蹄清理干净，剁块，入沸水中汆去血沫。汤锅中注入清水，放猪蹄、通草、盐，煮至熟烂即可。
	当归炖鲫鱼	当归热水浸泡后切片。鲫鱼处理干净，与当归入锅炖熟，加入豆芽稍煮，出锅前加入盐、葱花即可。

乳房胀痛食疗方

	食疗方名称	做法
乳房胀痛 乳房胀痛一般是因宝宝吃奶少，乳汁淤积以及腺管不通畅所导致的。新妈妈可以通过以下方法来缓解乳房胀痛：如果宝宝不能吃空奶，多余的奶一定要用吸奶器吸净；产后宜及早喂奶；哺乳前热敷乳房，轻轻从四周向乳头方向按摩挤捏，使乳汁排出。	玉米丝瓜络羹	玉米粒、丝瓜络和橘核加水熬 1 小时，起锅前加入蛋花、水淀粉、冰糖调匀服用。
	夏枯草当归粥	夏枯草、当归、香附各 10 克，洗净，加水适量煎 20 分钟，取汁加入白粥、红糖拌服。
	丝瓜炖豆腐	将丝瓜、豆腐切块，加水、姜片、葱段同煲 20 分钟，起锅前放入香油。

产后补血食疗方

产后补血

少数新妈妈分娩过程中会失血过多，如剖宫产、产后出血等，造成贫血，而那些以往就有慢性贫血疾病的妈妈，生完宝宝后可能贫血会加重。因此，产后及时、合理补血非常必要。产后新妈妈应注意休息，保证睡眠，放松心态。选择一些富含铁的食品，如动物内脏、海带、紫菜、菠菜、芹菜、西红柿、桂圆、红枣、花生等。同时也应多吃含有优质蛋白质的食物，如鸡、鱼、瘦肉、动物肝脏等。

食疗方名称	做法
冰糖阿胶粥	大米淘洗干净，备用。阿胶用小锤砸成小块放入碗中，加入250毫升的开水，用筷子反复搅拌直到阿胶全部溶化。将大米同阿胶水一同倒入锅中，加入冰糖一起熬成粥。
枸杞鸡丁	枸杞子洗净放入碗中，上屉蒸30分钟；荸荠去皮，洗净，切成小方丁。鸡胸肉洗净，切成小方丁，放入鸡蛋清、水淀粉搅拌均匀备用。油锅烧至五成热，放入浆好的鸡丁，快速翻炒几下，放入荸荠丁、蒸好的枸杞子再翻炒片刻。将盐、葱末、姜末、蒜末、牛奶、水淀粉勾成芡汁浇入锅内，翻炒均匀即可。
五圆鸡	母鸡洗净后用沸水煮透，捞出装盆，放入姜片、葱段、适量水，上屉蒸30分钟取出。枸杞子、桂圆肉、荔枝肉、小枣、莲子上屉蒸熟后，装入鸡腹，加入冰糖，继续蒸至肉烂，取出装盘。将蒸鸡的汤汁烧沸收浓，加盐调味，浇在鸡身上即可。

恶露

恶露是产乳期阴道排出的分泌物，由胎盘剥离后的血液、黏液、坏死的脱膜组织和细胞等物质组成，正常恶露没有臭味。在正常情况下，产后1~3天出现血性恶露，含有大量血液、黏液及坏死的内膜组织，有血腥味。产后4~10天转为颜色较淡的浆性恶露。产后1~2周排出的为白恶露，为白色或淡黄色，量更少。

食疗方名称	做法
桃仁莲藕汤	莲藕洗净切小块，与桃仁放入铝锅或砂锅内（忌用铁锅）加适量水一同煮汤，煮熟后加少量盐调味即可。
奶汤鲫鱼	鲫鱼洗净，在鱼背上每隔1厘米处用刀划出刀纹。鱼放入沸水锅中汆一下捞出，洗净，去腥。油锅烧至七成热，放入葱段、姜片爆出香味，放入鲫鱼略煎，翻身，倒入料酒略焖，随即放入高汤、适量清水，盖好锅盖滚3分钟左右，使汤白浓，调至中火焖至鱼熟，放入笋片、盐，大火烧至汤呈乳白色，加入豆苗略滚，拣去葱段、姜片，将笋片、火腿齐放在鱼上面，豆苗放两边即可。

图书在版编目（CIP）数据

定制怀孕营养餐 / 周鹏军主编 . -- 南京：江苏凤凰科学技术出版社，2018.1

（汉竹•亲亲乐读系列）

ISBN 978-7-5537-8474-8

Ⅰ．①定… Ⅱ．①周… Ⅲ．①孕妇－妇幼保健－食谱 Ⅳ．① TS972.164

中国版本图书馆 CIP 数据核字 (2017) 第 161828 号

中国健康生活图书实力品牌

定制怀孕营养餐

主　　编	周鹏军
编　　著	汉　竹
责任编辑	刘玉锋　张晓凤
特邀编辑	苑　然　李佳昕　张　瑜　张　欢
责任校对	郝慧华
责任监制	曹叶平　方　晨
出版发行	江苏凤凰科学技术出版社
出版社地址	南京市湖南路1号A楼，邮编：210009
出版社网址	http://www.pspress.cn
印　　刷	天津海顺印业包装有限公司分公司
开　　本	715 mm × 868 mm　1/12
印　　张	14
字　　数	150 000
版　　次	2018年1月第1版
印　　次	2018年1月第1次印刷
标准书号	ISBN 978-7-5537-8474-8
定　　价	39.80元

图书如有印装质量问题，可向我社出版科调换。